주머니 속

곤충
도감

일러두기

1. 우리 나라에서 관찰할 수 있는 곤충 453종을 소개했으며, 책의 구성상 세부적으로 나누지 않고 큰 무리로 나누었습니다.
2. 곤충의 이름은 『한국 곤충 명집』(1994)에 따랐으며, 그 후 이름이 바뀐 종들은 바뀐 이름으로 표기했습니다.
3. 곤충이 나타나는 때는 가장 활발히 활동하는 시기로, 사는 곳은 가장 일반적인 곳으로 표기했습니다.
4. 어려운 학술 용어를 최대한 쉽게 풀어 썼습니다.
   예) • 완전변태 → 완전탈바꿈
       • 불완전변태 → 불완전탈바꿈
       • 성충 → 어른벌레
       • 약충, 유충 → 애벌레
       • 미성숙 → 태어난 지 얼마 되지 않은
       • 성숙 → 짝짓기 할 때가 된
       • 식초, 기주 식물 → 먹이 식물
       • 교미 → 짝짓기
       • 월동 → 겨울나기

생태 탐사의 길잡이 1

주머니 속
곤충
도감

손상봉 글과 사진

주머니 속 곤충도감

펴낸날 2013년 9월 2일 초판 1쇄
2023년 10월 31일 초판 5쇄
지은이 손상봉
만들어 펴낸이 정우진 강진영 김지영
꾸민이 Moon&Park(dacida@hanmail.net)
펴낸곳 04091 서울 마포구 토정로 222 한국출판콘텐츠센터 420호
편집부 (02) 3272-8863
영업부 (02) 3272-8865
팩 스 (02) 717-7725
이메일 bullsbook@hanmail.net / bullsbook@naver.com
등 록 제22-243호(2000년 9월 18일)
ISBN 978-89-89370-85-7 06490

© 손상봉, 2013

이 책의 내용을 저작권자의 허락 없이 복제, 복사, 인용, 전재하는 행위는 법으로 금지되어 있습니다.

정성을 다해 만든 책입니다. 읽고 주위에 권해 주시길……
잘못된 책은 바꿔 드립니다. 값은 뒤표지에 있습니다.

곤충을 만나러 가는 길

해마다 봄을 기다리며 긴 겨울을 보냅니다. 날씨가 포근해지고 봄이 오면 어김없이 반가운 곤충들이 모습을 드러냅니다. 언 땅을 뚫고 나온 풀을 보며 카메라를 메고 가던 그 길을 설레며 걷습니다.

추운 겨울 맨몸으로 버틴 나비들이 제일 먼저 반겨 주고, 아직 앙상한 나뭇가지에는 나방 애벌레들이 행여 들킬까 헌 옷을 입은 채 나무에 붙어 새 옷으로 갈아입기 위해 새싹을 기다리고 있습니다. 땅에는 딱정벌레들이 겨우내 굶주린 배를 채우려고 벌써부터 100m 달리기를 시작합니다. 약속한 것도 아닌데 항상 때가 오면 이들을 만나러 자연으로 나갑니다.

곤충은 울창하고 깨끗한 산 속에만 있는 것이 아닙니다. 우리가 사는 곳 주변에서 곤충들이 함께 살아갑니다. 집 앞 화단에서 만난 곤충부터 깊은 산 속으로 힘들게 찾아가 만난 곤충까지 사진으로 기록하고 관찰한 것을 책에 담았습니다. 우리와 함께 살아가는 곤충을 알아보는 데 이 책이 조금이나마 도움이 되었으면 합니다.

이 책을 펴내기까지 많은 분들이 도와 주셨습니다. 항상 안부를 묻고 힘을 주시는 최원교 님, 더 많은 곤충들과 만날 수 있게 시간을 내주신 백승헌·김영한·김동원·박민성 님, 집필 과정에 도움을 주신 이준구·최원호 님, 친구 이승규, 부족한 저에게 기회를 주신 도서출판 황소걸음에 감사드립니다. 항상 곁에서 힘이 되어 주는 김지은과 동생 봉키, 늘 사랑으로 지켜 보시는 부모님께 존경하고 사랑한다는 말씀을 드립니다.

손상봉

차례

곤충을 만나러 가는 길 5

곤충 이해하기
곤충의 구조 10

곤충 구별하기 11
비슷한 곤충 구별하기
암수 구별하기

곤충 만나기 15
곤충이 사는 곳
흔적으로 곤충 찾기

곤충 채집 방법 16
불빛 채집
나뭇진 채집
포충망 채집
함정 채집

곤충 표본 만들기 17

여러 곤충들

나비·나방 무리 21

호랑나비과 · 흰나비과 · 부전나비과 · 네발나비과 · 팔랑나비과 · 곡나방과 ·
왕물결나방과 · 창나방과 · 명나방과 · 알락나방과 · 자나방과 · 박각시과 ·
독나방과 · 불나방과 · 밤나방과 · 산누에나방과 · 재주나방과

딱정벌레 무리 121

물맴이과 · 물방개과 · 물땡땡이과 · 딱정벌레과 · 송장벌레과 · 반날개과 · 사슴벌레과 ·
사슴벌레붙이과 · 금풍뎅이과 · 소똥구리과 · 비단벌레과 · 방아벌레과 · 반딧불이과 ·
병대벌레과 · 쌀도적과 · 개미붙이과 · 밑빠진벌레과 · 나무쑤시기과 · 머리대장과 ·
버섯벌레과 · 무당벌레과 · 거저리과 · 가뢰과 · 홍날개과 · 하늘소붙이과 · 하늘소과 ·
잎벌레과 · 거위벌레과 · 바구미과

벌·파리 무리 309

호리병벌과 · 청벌과 · 말벌과 · 꿀벌과 · 고치벌과 · 개미벌과 · 개미과 · 파리매과 ·
재니등에과 · 꽃등에과 · 알락파리과 · 똥파리과 · 검정파리과 · 쉬파리과 ·
벌붙이파리과 · 각다귀과 · 모기과

노린재 · 매미 무리 349

소금쟁이과 · 물장군과 · 물둥구리과 · 장구애비과 · 송장헤엄치게과 · 광대노린재과 ·
노린재과 · 허리노린재과 · 침노린재과 · 알노린재과 · 참나무노린재과 · 뿔노린재과 ·
매미과 · 방패벌레과 · 매미충과 · 큰날개매미충과 · 꽃매미과

잠자리 무리 389

물잠자리과 · 실잠자리과 · 청실잠자리과 · 방울실잠자리과 · 왕잠자리과 ·
측범잠자리과 · 장수잠자리과 · 잠자리과

메뚜기 무리 413

여치과 · 어리여치과 · 꼽등이과 · 귀뚜라미과 · 땅강아지과 · 섬서구메뚜기과 ·
좁쌀메뚜기과 · 모메뚜기과 · 주름메뚜기과 · 메뚜기과 · 애기사마귀과 · 사마귀과 ·
대벌레과 · 긴수염대벌레과 · 날개대벌레과

그 밖의 곤충들 461

갑옷바퀴과 · 왕바퀴과 · 바퀴과 · 큰집게벌레과 · 집게벌레과 · 밑들이과 ·
큰그물강도래과 · 강도래과 · 녹색강도래과 · 각날도래과 · 날도래과 · 바수염날도래과 ·
좀뱀잠자리과 · 납작하루살이과 · 뿔잠자리과 · 사마귀붙이과 · 명주잠자리과

찾아보기 484

곤충 이해하기

곤충의 구조

곤충 구별하기

곤충 만나기

곤충 채집 방법

곤충 표본 만들기

곤충의 구조

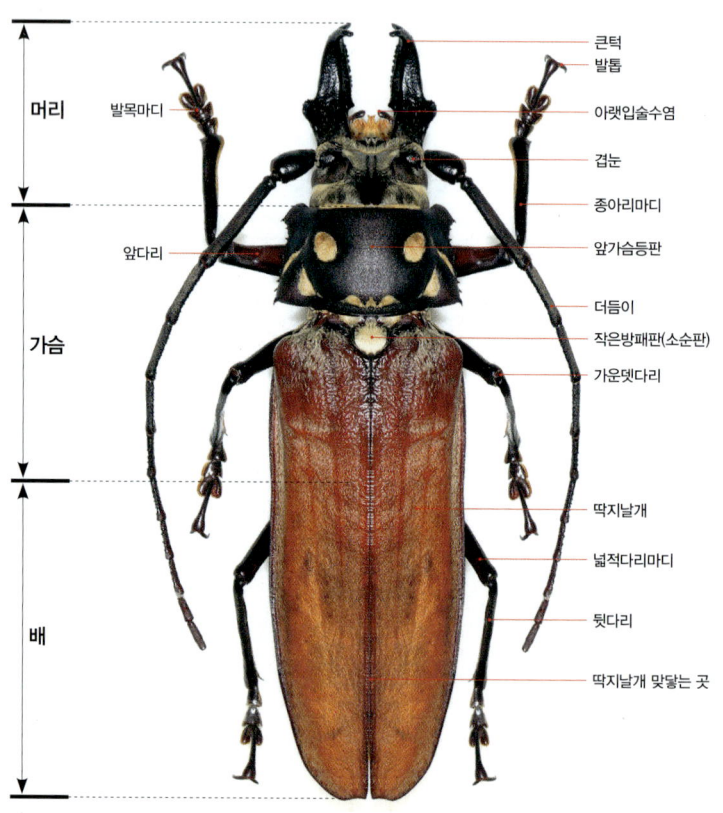

곤충 구별하기

비슷한 곤충 구별하기

같은 종류를 구별하는 것도 어렵지만, 과가 헷갈리는 비슷한 곤충들이 있다. 이 곤충들의 특징을 파악하면 곤충을 구별하는 데 도움이 된다.

딱정벌레와 먼지벌레 앞다리 종아리마디에 더듬이를 정리하는 홈이 없으면 딱정벌레, 있으면 먼지벌레다.

딱정벌레는 앞다리 종아리마디에 홈이 없다.

먼지벌레는 앞다리 종아리마디에 홈이 있다.

방아벌레와 비단벌레 방아벌레는 앞가슴등판과 딱지날개 사이가 움푹 들어갔고, 비단벌레는 그렇지 않다. 또 몸을 뒤집으면 방아벌레는 앞가슴등판과 딱지날개의 반동을 이용해 튀어오른다.

가슴과 딱지날개 사이가 움푹 들어갔다.

가슴과 딱지날개 사이가 평평하다.

바구미와 거위벌레 바구미의 더듬이는 90도로 꺾이는 형태고, 거위벌레는 끝이 약간 뭉툭한 일자형이다.

더듬이가 90도로 꺾인 형태다.

더듬이가 일자형이다.

나비와 나방 나비는 더듬이 끝이 뭉툭한 형태고, 나방은 더듬이가 대부분 일자형인데 수컷 가운데 빗살 형태인 종류가 있다.

더듬이 끝이 뭉툭하다.

더듬이가 일자형인 나방 암컷.

더듬이가 빗살 형태인 나방 수컷.

메뚜기와 여치 메뚜기과는 더듬이가 짧고, 여치과는 더듬이가 몸 길이보다 길다.

더듬이가 약간 굵고 짧다.

더듬이가 가늘고 매우 길다.

벌과 등에 벌은 날개가 두 쌍이고, 등에는 날개가 한 쌍이다.

날개가 2쌍이다.

날개가 1쌍이고, 뒷날개는 퇴화한 대신 평균곤이 있다.

암수 구별하기

발목마디

수컷은 짝짓기 할 때 암컷을 붙잡기 위해 발목마디가 넓게 발달했다. 딱정벌레, 먼지벌레, 길앞잡이, 물방개 등이 대표적이다.

수컷

암컷

더듬이

대다수 곤충들이 암컷보다 수컷의 더듬이가 두 배 이상 길다. 하늘소, 소바구미 등이 대표적이다.

짝짓기 중인 먹주홍하늘소. 암수 더듬이 길이가 2배 정도 차이난다.

큰턱, 돌기, 뿔

수컷들은 암컷을 차지하기 위해 끊임없이 경쟁한다. 이 때문에 수컷은 공격하거나 방어하는 용도로 암컷과 다른 무기가 있다. 사슴벌레, 장수풍뎅이 등이 대표적이다.

나뭇진(수액)에서 만난 톱사슴벌레 한 쌍.

화려함

곤충은 대부분 암컷보다 수컷이 작고, 화려하거나 특이한 무늬가 있는 경우가 많다. 색이나 무늬 때문에 암컷과 수컷이 전혀 다른 곤충들이 있다. 사슴풍뎅이, 나비, 나방 등이 대표적이다.

사슴풍뎅이 수컷은 멋진 뿔이 있고 회백색 털로 덮여 아름답지만, 암컷은 검고 특징이 없다.

소리

암컷을 유혹하는 방법으로 소리를 내는 곤충들이 있다. 수컷에게 소리를 내는 기관이 있는 종으로는 매미, 메뚜기, 귀뚜라미 등이 대표적이다.

날개를 비벼 소리내는 방울벌레.

곤충 만나기

곤충이 사는 곳

곤충은 우리가 사는 곳 어디에나 있지만, 다양한 곤충을 만나기 위해서는 곤충이 좋아하는 환경을 찾아야 한다. 아래 사진과 같은 환경에서 다양한 곤충을 만날 수 있다.

산　　　　　　　웅덩이　　　　　　꽃나무　　　　　　베어 낸 나무.

흔적으로 곤충 찾기

❶ **먹이 흔적** 곤충이 먹이를 먹은 흔적으로 곤충을 찾는다.

❷ **배설물** 야외에 나가서 바닥을 자세히 보면 곤충의 배설물이 있는 곳에는 항상 곤충이 있다.

❶ 잎을 다 갉아 먹었다.　　❷ 검은 배설물이 보인다.

❸ **탈출구** 어른벌레가 된 곤충이 나온 자리에는 구멍이 생긴다. 이 구멍이 있는 곳이나 주변에 같은 나무를 찾으면 곤충을 만날 수 있다.

❹ **집** 집을 짓고 사는 곤충의 집을 찾아 관찰해 보자.

❸ 곤충이 뚫고 나온 구멍.　　❹ 딱정벌레붙이의 집 입구.

곤충 채집 방법

불빛 채집
밤에 불빛이 있는 곳이면 어디에나 곤충이 있다. 주변에 산이나 강이 있으면 더 다양한 곤충을 볼 수 있다. 주유소나 산, 임도의 가로등이 좋다. 일부러 발전기를 이용해 숲 속에 불빛을 밝혀서 곤충을 잡기도 한다.

나뭇진 채집
낮에 산 속을 돌아다니며 참나무 종류를 잘 살펴보자. 나뭇진이 흐르는 곳에 다양한 곤충이 모인다. 그 위치를 파악했다가 밤에 다시 가면 낮에는 보지 못한 야행성 곤충들을 만날 수 있다. 자연에서 나뭇진을 찾지 못했다면 과일즙이나 꿀물 등을 나무에 발라도 같은 효과를 낸다.

포충망 채집
꽃이나 나뭇잎 등을 쓸어 담고, 날아가거나 높은 곳에 앉은 곤충을 채집할 때 이용하는 방법이다. 길고 입구가 큰 포충망을 쓰는 것이 유리하다.

함정 채집
바닥에 기어다니는 곤충을 채집하는 방법이다. 땅을 파서 곤충이 빠지면 나오지 못할 만한 용기를 지면과 수평으로 묻은 다음, 곤충이 좋아하는 재료를 써서 거기에 빠지게 만드는 방법이다.

곤충 표본 만들기

곤충은 채집하는 것도 중요하지만, 표본을 만들어서 정리하지 않으면 채집한 곤충이 자료로 쓰일 수 없다.

준비물 곤충 표본 핀, 곤충 표본 판, 핀셋, 기름종이, 나프탈렌, 표본 상자

형태 고정하기 작은방패판을 중심으로 오른쪽 부분에 핀을 꽂은 다음, 구조나 생김새를 잘 관찰할 수 있게 다리와 더듬이 등에 핀을 꽂아 형태를 잡는다. 바람이 잘 통하는 곳에서 한 달 정도 말리면 고정된다.

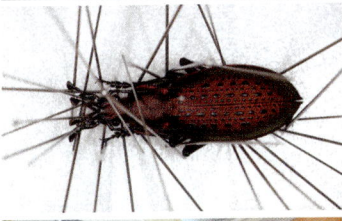

날개 펴기 나비, 나방, 잠자리, 매미, 벌 등의 표본을 만들 때 필요한 작업이다. 가운데 몸을 넣을 수 있는 공간이 있는 판을 이용해서 날개를 펼치고, 기름종이로 날개를 고정한다.

기록하기 표본을 만들 때 가장 중요한 작업이다. 채집한 장소와 위치, 날짜, 채집자를 기록하는 것이 일반적인 방법이고, 해발 고도와 위도, 경도, 날씨, 곤충을 관찰한 식물, 채집 방법 등을 자세히 기록할수록 좋다.

대한민국 — 국가
강원도 평창군 진부면 간평리 — 지역
오대산 745m — 해발 고도
2013.07.13 손상봉 — 채집일, 채집자
함정 채집 — 채집 방법

보관하기 표본을 만들면 표본 상자에 보관한다. 곤충 표본은 습기나 빛에 노출되면 색이 변하거나 형태가 뒤틀리고, 곰팡이가 피는 등 문제가 생기므로 항상 건조하게 보관하는 것이 좋다. 또 표본을 보관하는 곳에 공간이 있으면 수시렁이나 표본벌레가 생겨 곤충을 갉아 먹는다. 이를 방지하기 위해 벌레 쫓는 약품을 넣어도 좋다.

나비·나방 무리

딱정벌레 무리

벌·파리 무리

노린재·매미 무리

잠자리 무리

메뚜기 무리

그 밖의 곤충들

나비·나방 무리

알-애벌레-번데기-어른벌레를 거쳐 완전탈바꿈 하는 무리다. 넓고 큰 날개는 전체적으로 비늘조각(인편)으로 덮여서 아름다운 무늬를 낸다. 가늘고 긴 주둥이는 둥글게 말려 있다. 애벌레 때는 다양한 식물을 먹고, 어른벌레가 되면 꽃이나 나뭇진, 동물의 배설물 등을 먹는다. 나비는 일반적으로 낮에 활동하고, 나방은 밤에 활동한다. 애벌레 때도 나비는 털이 없는 형태가 대부분이며, 나방은 털이나 가시가 발달한다. 나비와 나방은 이렇게 비슷하면서도 다른 점이 많다. 우리 주변에서 가장 쉽게 볼 수 있지만 왕은점표범나비, 깊은산부전나비, 붉은점모시나비, 쌍꼬리부전나비, 상제나비, 산굴뚝나비, 큰홍띠점박이푸른부전나비 등 곤충 무리 중 멸종 위기종이 가장 많은 무리다.

o 꽃에서 꿀을 빠는 호랑나비.

호랑나비

도심이나 들판, 산 정상 등에서 쉽게 볼 수 있다. 다양한 들꽃에 날아와 꿀을 빨고, 젖은 땅에서 영양분을 섭취한다. 애벌레는 뱀과 닮았으며, 산초나무와 탱자나무, 유자나무, 귤나무 등에서 관찰된다. 위험을 느끼면 냄새뿔(취각)을 내밀어 몸을 보호한다. 봄에 나타나는 개체보다 여름에 나타나는 개체가 크다.

호랑나비과	
크기	65~120mm
나타나는 때	4~10월 (연 3회 이상)
겨울나기	번데기

ㅇ 기온이 오르자 볕을 쬐는 산호랑나비.

산호랑나비

호랑나비과

크기 90~120mm
나타나는 때 4~10월
(연 2회
이상)
겨울나기 번데기

전국의 산에서 관찰할 수 있다. 낮에는 산에 핀 다양한 들꽃의 꿀을 빨고, 오후에는 산 정상 쪽으로 올라가는 습성이 있다. 애벌레는 어수리, 참당귀, 미나리 등 운향과 식물을 먹고 자란다.

o 양지꽃에 날아온 애호랑나비.

애호랑나비

이른 봄, 낮은 산부터 관찰되는 나비다. 진달래나 철쭉, 얼레지 꽃에서 꿀을 빠는 모습이 보인다. 암컷은 족도리풀이나 개족도리풀 뒷면에 알을 낳는다. 동시에 깨어난 애벌레들은 무리지어 자라다가 먹이가 떨어지면 흩어지고, 번데기로 긴 시간을 보내다가 이듬해 봄에 어른벌레가 된다.

호랑나비과
크기 47~52mm
나타나는 때 4~5월
겨울나기 번데기

○ 모시처럼 날개가 반투명하다.

호랑나비과

크기 55~65mm
나타나는 때 5~6월
겨울나기 알

모시나비

산 아래 들판이나 숲에 퍼져 살면서 들꽃에 날아와 꿀을 빤다. 봄에 깨어난 애벌레는 현호색을 먹고 자란다. 날개가 반투명하며 여름에 입는 모시랑 비슷하여 붙은 이름이다. 암컷은 짝짓기 하면 수컷의 분비물로 된 새끼배기주머니(수태낭)를 달고 다닌다. 새끼배기주머니가 생긴 암컷은 다른 수컷과 짝짓기 하지 못한다.

o 붉은 점 무늬가 선명하다.

붉은점모시나비

모시나비와 비슷하게 생겼으나, 붉은 점 무늬가 있어서 붙은 이름이다. 애벌레의 먹이 식물이 되는 기린초가 있는 곳에 살며, 잘 날아다닌다. 애벌레는 알로 겨울을 보내다 눈이 녹지도 않은 때 깨어나 기린초의 새순을 먹고 자란다. 최근에 사는 곳(서식지)이 급격히 줄어 멸종 위기종 2급으로 지정·보호된다.

호랑나비과

크기 65~75mm
나타나는 때 5~6월
겨울나기 알

○ 개망초에 날아온 수컷.(위)
○ 쥐방울덩굴 잎 뒷면에 알을 낳는 암컷.(왼쪽)
○ 동글동글한 알.(오른쪽)

호랑나비과

크기 50~65mm
나타나는 때 4~9월
   (연 3회)
겨울나기 번데기

꼬리명주나비

낮은 산지와 풀밭 등에서 볼 수 있으며, 빨리 날지 못한다. 바람이 불면 바람을 이용해 잘 난다. 날개에 꼬리처럼 생긴 돌기(미상돌기)가 길게 뻗어 있다. 수컷은 흰색, 암컷은 검은색을 띤다. 애벌레의 먹이 식물은 쥐방울덩굴이고, 암컷은 새순에 알을 무더기로 낳는다.

○ 날갯짓을 하며 꽃의 꿀을 빤다.

제비나비

낮은 산지부터 평지까지 쉽게 볼 수 있다. 진달래, 나리꽃, 엉겅퀴 등 들꽃에 날아와 꿀을 빤다. 애벌레는 산초나무, 탱자나무, 황벽나무 등에서 관찰된다. 앞날개 아랫면에 흰 띠가 넓게 퍼지고, 뒷날개 윗면과 아랫면에는 흰 띠가 없는 것이 특징이다.

호랑나비과

크기 80~135mm
나타나는 때 4~9월
(연 3회)
겨울나기 번데기

○ 날개 색이 화려하고 아름답다.(위)
○ 여러 마리가 바닥에 모여 물을 먹는다.(아래)

호랑나비과

크기 85~130mm
나타나는 때 4~8월
(연 2회)
겨울나기 번데기

산제비나비

높은 산의 계곡이나 볕이 잘 드는 임도에서 날아다니며, 젖은 땅에서 수십 마리가 무리지어 수분과 영양분을 섭취하는 모습이 관찰되기도 한다. 지역적으로 색상 변이가 다양하게 나타난다. 애벌레는 황벽나무, 머귀나무등 운향과 식물에서 관찰된다.

○ 바닥에서 물을 먹는다.(위)
○ 뒷날개가 유난히 길쭉하다.(아래)

긴꼬리제비나비

산에서 주로 볼 수 있고, 제비나비 종류 중에 뒷날개가 유난히 길게 발달하여 구별하기 쉽다. 다양한 들꽃에 날아와 꿀을 빤다. 애벌레는 탱자나무와 산초나무, 초피나무에서 관찰된다.

호랑나비과

크기 80~120mm
나타나는 때 5~9월
겨울나기 번데기

○ 숲 속에서 쉰다.(위)
○ 특이하게 생긴 애벌레.(아래)

호랑나비과

크기 75~110mm
나타나는 때 5~9월
(연 2회)
겨울나기 번데기

사향제비나비

낮은 산이나 높은 산에서 모두 볼 수 있고, 배가 붉어서 쉽게 구별된다. 사향 냄새를 풍긴다고 하여 붙은 이름이다. 다양한 들꽃에서 꿀을 빠는 모습이 관찰되고, 암컷은 쥐방울덩굴이나 등칡에 알을 여러 개 낳는다.

○ 푸른 무늬가 인상적이다.(위)
○ 후박나무 잎 위의 애벌레들.(아래)

청띠제비나비

제주도, 전라남도, 경상남도 남해안, 울릉도에서 관찰된다. 날개에 청색 띠 무늬가 있어서 붙은 이름이다. 매우 빠르게 날아다니며, 들꽃이나 젖은 바닥에서 영양분을 섭취한다. 암컷은 후박나무나 녹나무에 알을 낳는다.

호랑나비과

크기 58~66mm
나타나는 때 5~9월
(연 3회)
겨울나기 번데기

o 꽃에 날아온 배추흰나비.

배추흰나비

흰나비과

크기 45~65mm
나타나는 때 3~10월
(여러 차례)
겨울나기 번데기

마을 주변이나 낮은 산에서 흔히 관찰된다. 이름에서 알 수 있듯이 애벌레들이 배춧잎을 갉아 먹는다. 배추, 무, 케일, 유채 등 인간의 식생활과 관련된 식물을 주로 먹어 농가에서는 해충으로 생각한다.

o 엉겅퀴 꽃에서 꿀을 빠는 큰줄흰나비.

큰줄흰나비

낮은 산부터 높은 산까지 모두 관찰된다. 뒷날개 날개맥(시맥)을 따라 검은 줄처럼 보이는 무늬가 있다. 등산로나 임도에서 여러 가지 들꽃의 꿀을 빤다. 암컷은 미나리냉이, 개갓냉이, 배추, 무, 유채 등에 알을 낳는다.

흰나비과

크기 55~65mm
나타나는 때 4~10월
겨울나기 번데기

o 노란색 수컷과 흰색 암컷의 짝짓기.

흰나비과

크기 47~52mm
나타나는 때 4~10월
(여러 차례)
겨울나기 번데기

노랑나비

마을 주변부터 높은 산까지 다양한 곳에서 관찰된다. 산에 피는 들꽃, 마을 주변에 관상용으로 심은 코스모스, 금계국 등의 꿀을 빤다. 수컷은 노란색을 띠고, 암컷은 노란색이나 흰색이다. 암컷은 붉은토끼풀, 벌노랑이, 아까시나무 등에 알을 낳는다.

o 날씨가 흐려지자 나뭇잎 뒤에 숨었다.

남방노랑나비

제주도, 전라도, 경상도 등 주로 남쪽 지역에서 관찰된다. 넓은 풀밭에서 개망초나 주변 들꽃의 꿀을 빤다. 낮에는 나뭇잎 뒤에 붙어 쉰다. 암컷은 비수리, 자귀나무에 알을 낳는다.

흰나비과

크기 40~50mm
나타나는 때 3~11월
(여러 차례)
겨울나기 어른벌레

o 앞날개 끝이 휘어지듯 뾰족하다.

흰나비과

크기 45~50mm
나타나는 때 4~5월
겨울나기 번데기

갈구리나비

마을 주변부터 높은 산까지 관찰된다. 날개 끝이 구부러지듯 뾰족한 것이 특징이다. 빠르게 날아다니며 다양한 들꽃의 꿀을 빤다. 성격이 예민하여 가까이 다가서면 날아간다. 암컷은 꽃다지, 냉이, 나도냉이에 알을 낳는다.

o 꽃의 꿀을 빠는 북방기생나비.

북방기생나비

풀밭에서 주로 관찰된다. 크기가 작고 날개도 약해서 바람이 불면 힘없이 밀리듯이 날아간다. 천천히 낮게 날아다니면서 다양한 들꽃의 꿀을 빤다. 암컷은 갈퀴나물, 등갈퀴나물 뒷면에 알을 낳는다.

흰나비과	
크기	37~42mm
나타나는 때	4~9월 (연 3회)
겨울나기	번데기

○ 날개 뒷면의 녹색 무늬가 특징이다.(위)
○ 몸에 노란 줄무늬가 선명한 애벌레.(아래)

흰나비과

크기 40~55mm
나타나는 때 4~10월
　　　　　(여러 차례)
겨울나기 번데기

풀흰나비

강이나 시내 주변에서 주로 관찰된다. 강이나 시내 주변에 피는 다양한 들꽃의 꿀을 빤다. 날개 뒷면에 풀색 무늬가 뚜렷하여 다른 흰나비와 쉽게 구별된다. 암컷은 다닥냉이, 콩다닥냉이에 알을 낳는다.

o 잎에 앉아 쉰다.(위)
o 짝짓기 경쟁 중이다.(아래)

남방부전나비

도심에서 들판, 풀밭까지 쉽게 관찰된다. 아파트 놀이터나 공원에 핀 토끼풀의 꿀을 빠는 모습을 흔히 볼 수 있다. 암컷은 괭이밥 잎 뒷면에 알을 하나씩 낳는다. 애벌레는 괭이밥 잎을 먹고 자란다.

부전나비과

크기 20~30mm
나타나는 때 4~11월
(여러 차례)
겨울나기 애벌레

o 파리만 한 꽃에 날아왔다.

부전나비과

크기 20~30mm
나타나는 때 4~10월
(여러 차례)
겨울나기 애벌레

암먹부전나비

도심부터 풀밭까지 넓게 관찰된다. 수컷은 날개 윗면이 청람색이고, 암컷은 날개 윗면이 먹색을 띠어서 붙은 이름이다. 냉이, 토끼풀, 멍석딸기 등에서 꿀을 빤다. 암컷은 갈퀴나물, 싸리, 매듭풀 등에 알을 낳는다.

○ 뒷날개의 주홍색 띠가 선명하다.

작은홍띠점박이푸른부전나비

산 아래 풀밭이나 양지바른 임도에서 주로 관찰된다. 우리 나라 나비 중 이름이 가장 길다. 땅에서 조그맣게 자라는 들꽃에 주로 앉아 꿀을 빤다. 암컷은 기린초나 돌나물에 알을 낳고, 애벌레는 기린초나 돌나물의 뿌리 쪽으로 들어가 번데기가 된다.

부전나비과

크기 24~30mm
나타나는 때 4~8월
 (연 2회)
겨울나기 번데기

o 해질녘에 꽃을 찾아 날아왔다.

큰홍띠점박이푸른부전나비

부전나비과

크기 31~38mm
나타나는 때 5~6월
겨울나기 번데기

강원도와 충청북도 일부 지역에서 관찰된다. 주로 풀밭이나 무덤 주변에서 보인다. 풀밭에 피는 다양한 꽃의 꿀을 빨고, 암컷은 고삼의 꽃대에 알을 낳는다. 현재 멸종 위기종 2급으로 지정·보호된다.

○ 나뭇잎 뒷면에 붙어서 바람을 피한다.

쌍꼬리부전나비

충청도와 경기도, 강원도 일부 지역 낮은 산지나 탁 트인 무덤가에서 볼 수 있다. 뒷날개에 꼬리처럼 생긴 돌기가 두 쌍 발달해서 붙은 이름이다. 해질녘에 들꽃의 꿀을 빤다. 암컷은 마쓰무라밑들이개미가 사는 나무에 알을 낳는다. 애벌레는 개미와 공생하며 개미집 안에서 보낸다. 멸종 위기종 2급으로 지정·보호된다.

부전나비과

크기 28~32mm
나타나는 때 6~7월
겨울나기 애벌레

o 마른 풀 줄기에 앉기를 좋아한다.

부전나비과

크기 25~30mm
나타나는 때 4~5월
겨울나기 번데기

쇳빛부전나비

이른 봄부터 산 주변의 풀밭이나 임도에서 관찰된다. 매우 빠르게 날아다니며 마른 풀 줄기에 자주 앉는다. 날개 뒷면이 녹슨 쇠와 비슷해서 붙은 이름이다. 암컷은 조팝나무와 철쭉에 알을 낳는다.

o 버드나무 잎에 앉아 볕을 쬔다.

범부전나비

봄부터 낮은 산 주변에서 주로 관찰된다. 나뭇잎이나 젖은 땅에 내려앉을 때가 많다. 봄에 나타나는 개체는 회색이고, 여름에 나타나는 개체는 귤빛도 있다. 암컷은 고삼, 아까시나무, 갈퀴나물, 싸리에 알을 낳는다.

부전나비과

크기 32~36mm
나타나는 때 4~8월
　　　　　(연 2회)
겨울나기 번데기

o 풀 줄기에 앉았다.

부전나비과

크기 27~35mm
나타나는 때 4~10월
(여러 차례)
겨울나기 애벌레

작은주홍부전나비

전국의 마을 주변이나 풀밭에서 흔히 관찰된다. 토끼풀, 개망초, 민들레 등 다양한 들꽃의 꿀을 빤다. 암컷은 소리쟁이, 참소리쟁이에 알을 낳는다.

○ 빛깔이 멋진 날개를 뽐내는 큰주홍부전나비 수컷.(위)
○ 소리쟁이 잎 뒷면에서 발견한 애벌레.(아래)

큰주홍부전나비

강과 시냇가에서 주로 관찰된다. 예전에는 경기도 일부 지역에서 관찰되었는데, 요즘은 강원도와 한강에서도 쉽게 볼 수 있다. 수컷은 날개 윗면이 진한 주홍빛을 띤다. 개망초 같은 들꽃의 꿀을 빤다. 암컷은 소리쟁이, 참소리쟁이에 알을 낳는다.

부전나비과

크기 34~38mm
나타나는 때 5~10월
겨울나기 애벌레

o 이른 아침 숲에서 만난 귤빛부전나비.

부전나비과

크기 35~42mm
나타나는 때 5~7월
겨울나기 알

귤빛부전나비

전국의 산에서 관찰된다. 뒷날개가 귤빛을 띠어서 붙은 이름이다. 이른 아침에 나무 아래 앉아 있다 해가 뜨면 올라간다. 암컷은 갈참나무, 떡갈나무 줄기 틈에 알을 낳는다.

○ 해가 지자 낮은 나뭇잎 위로 내려온 금강산귤빛부전나비.

금강산귤빛부전나비

전국의 산지부터 관찰된다. 이른 아침이나 해질녘에는 주로 땅이나 나뭇잎 위에 있고, 해가 뜨면 나무 위로 올라간다. 암컷은 물푸레나무 껍질에 알을 낳고, 애벌레는 그 잎을 갉아 먹고 자란다. 애벌레는 번데기가 되기 전에 잎자루를 잘라 바닥으로 떨어진 다음 안전한 곳에 가서 번데기가 된다.

부전나비과

크기 33~43mm
나타나는 때 6~7월
겨울나기 알

o 잎 뒷면에 붙어 있다.

부전나비과

크기 30~35mm
나타나는 때 6~7월
겨울나기 알

깊은산부전나비

강원도 높은 산 일부에서 관찰된다. 낮에는 눈에 띄지 않고, 해질녘 사시나무 꼭대기에서 날아다니는 모습을 볼 수 있다. 드물게 꽃의 꿀을 빠는 모습이 관찰되기도 한다. 암컷은 사시나무 가지 끝에 알을 낳고, 애벌레는 실을 토해 사시나무 잎으로 만든 집 안에서 자란다. 멸종 위기종 2급으로 지정·보호된다.

o 뒷날개의 꼬리처럼 생긴 돌기가 길쭉하다.

긴꼬리부전나비

부전나비과

크기 30~40mm
나타나는 때 7~8월
겨울나기 알

강원도 높은 산에서 관찰된다. 애벌레의 먹이 식물이 되는 가래나무가 많은 곳에서 볼 수 있다. 해질녘 가래나무 꼭대기에서 영역을 지키려고 날아다닌다. 암컷은 가래나무 껍질이나 새순 등에 알을 낳는다.

- 날개 뒷면이 바둑돌 무늬다.(위)
- 일본납작진딧물이 있는 곳에서 여러 마리가 관찰된다.(왼쪽)
- 특이하게 생긴 애벌레.(오른쪽)

바둑돌부전나비

부전나비과

크기 25~30mm
나타나는 때 5~10월
(여러 차례)
겨울나기 애벌레

이대, 신이대 등에 사는 일본납작진딧물이 있는 곳에서 관찰된다. 날개 뒷면에 검은 점이 많다. 애벌레는 일본납작진딧물을 잡아먹고, 어른벌레는 이들의 분비물을 먹는다. 암컷은 진딧물이 있는 잎 뒷면에 알을 낳는다.

o 꽃에 날아온 네발나비.

네발나비

도심이나 산, 들판 등 모든 곳에서 관찰된다. 어른벌레로 겨울을 나기 때문에 남쪽 지방에서는 겨울에도 기온이 오르면 볼 수 있다. 도심이나 산에 핀 들꽃의 꿀을 빨고, 암컷은 환삼덩굴에 알을 낳는다. 애벌레는 환삼덩굴 잎 아랫면에 만든 집에서 지낸다.

네발나비과

크기 50~60mm
나타나는 때 3~10월
 (여러 차례)
겨울나기 어른벌레

o 날개의 굴곡이 심한 산네발나비.

네발나비과

크기 45~60mm
나타나는 때 4~9월
겨울나기 어른벌레

산네발나비

우리 나라 일부 고산 지역에서 관찰된다. 네발나비와 비슷하지만, 날개의 굴곡이 뚜렷하다. 어른벌레로 겨울을 나서 4~5월에 보이고, 그 개체들이 알을 낳은 개체들은 6~9월까지 볼 수 있다. 암컷은 느릅나무에 알을 낳는다.

○ 겨울을 나기 위해 열심히 꿀을 빠는 작은멋쟁이나비.

작은멋쟁이나비

도심부터 산지까지 모두 관찰되며, 남쪽 지방에서는 겨울에도 기온이 오르면 볼 수 있다. 다양한 꽃에 날아와 꿀을 빨고, 암컷은 쑥 종류에 알을 낳는다. 깨어난 애벌레는 실을 토해 잎을 붙여서 집을 만들고, 그 속에서 지낸다.

네발나비과

크기 40~50mm
나타나는 때 4~10월
(여러 차례)
겨울나기 어른벌레

o 촉촉한 땅에 앉아 볕을 쬐고, 수분도 섭취한다.

네발나비과

크기 60~65mm
나타나는 때 4~11월
 (여러 차례)
겨울나기 어른벌레

큰멋쟁이나비

도심부터 풀밭, 산지까지 모두 관찰된다. 재빨리 날아다니고, 들꽃이나 썩은 과일이 있는 곳에서 영양분을 섭취한다. 오후에는 산 정상 쪽으로 올라간다. 암컷은 거북꼬리에 알을 낳고, 깨어난 애벌레는 실을 토해 잎 양쪽을 붙인 다음 그 속에서 지낸다.

o 뒷날개의 무늬가 복잡하다.

거꾸로여덟팔나비

낮은 산의 계곡 주변에서 관찰된다. 날개 윗면이 여덟 팔(八) 자를 거꾸로 놓은 모양이라 붙은 이름이다. 들꽃이나 젖은 땅에 잘 내려앉는다. 암컷은 거북꼬리에 알을 쌓듯이 낳는다.

네발나비과

크기 37~50mm
나타나는 때 5~8월
겨울나기 번데기

o 낮에는 꿀을 빠느라 정신이 없다.

네발나비과

크기 45~55mm
나타나는 때 4~10월
겨울나기 애벌레

애기세줄나비

낮은 산부터 볼 수 있는 나비다. 세줄나비 종류 중 가장 작아서 붙은 이름이다. 떠다니듯 천천히 날며 다양한 들꽃에 앉아 꿀을 빤다. 암컷은 칡, 아까시나무, 싸리 등에 알을 낳는다.

o 나뭇잎에 앉아 쉰다.

별박이세줄나비

낮은 산이나 그 주변의 풀밭에서 관찰된다. 뒷날개 아랫면에 점 무늬가 마치 별이 박힌 듯해서 붙은 이름이다. 다양한 들꽃에 날아와 꿀을 빨고, 동물의 배설물이나 썩은 과일에 날아온 모습도 볼 수 있다.

네발나비과
크기 45~60mm
나타나는 때 5~9월 (여러 차례)
겨울나기 애벌레

o 대롱을 길게 뻗은 왕세줄나비.

네발나비과

크기 70~80mm
나타나는 때 6~8월
겨울나기 애벌레

왕세줄나비

낮은 산부터 관찰된다. 이름에서 나타나듯이 세줄나비 종류 가운데 큰 편이다. 양지바른 곳에서 날아다니며, 들꽃에 날아와 꿀을 빤다. 암컷은 복사나무, 개복숭아나무, 자두나무 등에 알을 낳고, 애벌레는 나뭇가지와 겨울눈 사이에 붙어서 겨울을 난다.

o 날개 윗면의 흰 무늬 부분이 누렇다.

중국황세줄나비

높은 산의 임도나 계곡 주변에서 주로 관찰된다. 젖은 땅에 잘 내려앉고, 동물의 배설물에도 날아온다. 날개 윗면이 누런색을 띠는 것이 특징이다. 암컷은 신갈나무에 알을 낳는다.

네발나비과

크기 34~43mm
나타나는 때 6~8월
겨울나기 애벌레

o 기온이 오르자 땅바닥에서 볕을 쬔다.

네발나비과
크기 70~85mm
나타나는 때 5~7월
겨울나기 애벌레

어리세줄나비

높은 산에서 관찰되며, 날개 앞뒤에 검은 줄무늬가 뚜렷하다. 물가에 자주 나타나며, 동물의 배설물에도 날아온다. 암컷은 수컷에 비해 관찰하기 힘들고, 느릅나무에 알을 낳는다.

o 날개 뒷면 가장자리에 하트 무늬가 있다.

왕은점표범나비

산 주변의 무덤, 강과 시냇가 등 탁 트인 풀밭에서 주로 관찰된다. 다양한 들꽃에서 꿀을 빤다. 암컷은 제비꽃이 많은 곳에 알을 낳고, 애벌레는 제비꽃을 갉아 먹고 자라다가 겨울을 보낸다. 멸종 위기종 2급으로 지정·보호된다.

네발나비과

크기 58~68mm
나타나는 때 6~9월
겨울나기 애벌레

o 조그만 돌멩이들 사이에 있는 수분을 먹는다.

네발나비과

크기 70~75mm
나타나는 때 7~8월
겨울나기 애벌레

산은줄표범나비

높은 산의 계곡 주변이나 절벽 지대에서 주로 관찰된다. 산에 핀 다양한 들꽃의 꿀을 빨고, 젖은 땅에 잘 내려앉는다. 암컷은 제비꽃 종류가 많은 곳에 알을 낳는다. 애벌레는 낮에 먹이 식물 주변에 있는 낙엽에 몸을 숨겼다가 밤에 활동하며, 제비꽃을 먹는다.

o 날개 뒷면에 끊어진 듯 흰 무늬가 특징이다.

흰줄표범나비

낮은 산의 풀밭에서 주로 관찰되고, 매우 빠르게 날아다닌다. 날개를 접고 앉으면 뒷날개 뒷면에 희고 울퉁불퉁한 줄무늬가 나타난다. 산에 핀 다양한 들꽃의 꿀을 빨고, 암컷은 제비꽃 종류가 많은 곳에 알을 낳는다. 애벌레는 낮에 낙엽 등에 숨었다가 밤에 활동한다.

네발나비과

크기 60~66mm
나타나는 때 6~9월
겨울나기 애벌레

o 날개 끝 부분이 검은 암컷.(위)
o 수컷은 날개가 전체적으로 같은 색이다.(아래)

네발나비과

크기 70~80mm
나타나는 때 4~11월
겨울나기 애벌레

암끝검은표범나비

제주도, 전라도, 경상도 등 남쪽 지방의 도심이나 공원부터 산지까지 다양한 곳에서 볼 수 있다. 암컷의 앞날개 끝 부분이 검은빛이라 붙은 이름이다. 다양한 들꽃에 날아와 꿀을 빨고, 도심에 심은 삼색제비꽃(팬지)에서 애벌레들이 관찰되기도 한다.

○ 앞날개 끝 부분에 반투명한 막으로 된 무늬가 있다.(위)
○ 애벌레 얼굴이 귀엽다.(아래)

유리창나비

이른 봄에 비교적 높은 산 아래 계곡에서 관찰된다. 날개 윗면이 짙은 주황색이고, 앞날개 끝 부분의 둥근 무늬는 반투명한 막이다. 물가에 내려앉아 볕을 쬐고 영양분을 흡수한다. 암컷은 눈에 잘 띄지 않으며, 팽나무나 풍개나무에 알을 낳는다. 애벌레는 팽나무 잎을 붙여 그 안에서 지낸다.

네발나비과

크기 67~73mm
나타나는 때 4~5월
겨울나기 번데기

o 한라산에서 만난 산굴뚝나비. 현무암과 색이 비슷하다.

산굴뚝나비

네발나비과

크기 47~52mm
나타나는 때 7~8월
겨울나기 애벌레

제주도 한라산 해발 1400m가 넘는 곳에서 관찰되며, 넓은 초원 지대를 잘 날아다닌다. 현무암에 내려앉으면 잘 보이지 않는다. 암컷은 김의털, 한라사초에 알을 낳는다. 천연기념물 458호, 멸종 위기종 1급으로 지정·보호된다.

o 전체적으로 색이 어둡고, 날개 뒷면에 조그만 눈 무늬가 있다.

가락지나비

한라산 해발 1400m가 넘는 곳에서 관찰된다. 7월 중순부터 한라산의 풀밭에서 볼 수 있으며, 매우 빠르게 날아다닌다. 예민해서 꽃의 꿀을 빨 때가 아니면 잘 도망다니고, 바위에도 자주 앉는다.

네발나비과

크기 19~27mm
나타나는 때 7~8월
겨울나기 애벌레

o 나뭇진 냄새를 맡고 날아온 수컷.(위)
o 깨어났을 때 무리지어 있는 애벌레들.(아래)

네발나비과

크기 36~41mm
나타나는 때 6~8월
겨울나기 애벌레

수노랑나비

낮은 산지부터 관찰된다. 참나무의 나뭇진에 잘 날아온다. 수컷은 귤빛이고, 암컷은 흑청색이다. 암컷은 팽나무, 풍게나무 잎 뒷면에 무더기로 알을 낳는다. 깨어난 애벌레는 무리지어 있다가 뿌리 아래로 내려와 낙엽 뒷면에서 겨울을 난다.

o 은판나비는 땅바닥에 잘 앉는다.

은판나비

산지의 젖은 땅에 여러 마리가 앉아 있거나, 동물의 배설물에 모여 영양분을 섭취하는 모습이 관찰된다. 암컷은 느릅나무, 느티나무에 알을 낳는다. 애벌레는 나무 줄기 사이에 몸을 고정하고 겨울을 난다.

네발나비과

크기 80~110mm
나타나는 때 6~8월
겨울나기 애벌레

o 배를 길쭉하게 내밀어 팽나무 잎 뒷쪽에 알을 낳는 암컷.

네발나비과

크기 80~95mm
나타나는 때 5~9월
겨울나기 애벌레

홍점알락나비

낮은 산지부터 쉽게 관찰된다. 뒷날개 윗면에 붉은 점 무늬가 선명하다. 참나무 나뭇진이나 동물의 배설물에 잘 날아온다. 오후가 되면 산 정상으로 올라간다. 암컷은 팽나무, 풍게나무에 알을 낳는다. 애벌레는 3령까지 자란 다음 나무 아래로 내려와 낙엽 뒷면에서 겨울을 난다.

○ 노란 대롱으로 수분을 먹는 대왕나비.

대왕나비

높은 산지의 임도에서 많이 관찰된다. 길게 난 임도에 일정한 간격으로 앉은 수컷들을 볼 수 있다. 참나무 종류 나뭇진이나 젖은 땅에서 영양분을 섭취한다. 암컷은 해질녘에 주로 활동하며, 갈참나무와 신갈나무 말린 잎에 배를 넣고 알을 무더기로 낳는다.

네발나비과

크기 70~96mm
나타나는 때 7~8월
겨울나기 애벌레

○ 긴 겨울을 나고 봄볕을 쬐는 뿔나비.

네발나비과

크기 40~50mm
나타나는 때 3~10월
겨울나기 어른벌레

뿔나비

전국의 산지에서 쉽게 관찰된다. 아랫입술수염이 길게 발달한 것이 뿔처럼 보여서 붙은 이름이다. 어른벌레로 겨울을 나고, 이른 봄부터 눈에 띈다. 팽나무나 풍게나무의 새순이 돋기 시작하면 암컷이 집중적으로 알을 낳아 나뭇잎이 하나도 남지 않을 정도로 먹어 치우기도 한다.

○ 청색 띠가 앞날개와 뒷날개에 이어진다.

청띠신선나비

전국의 낮은 산부터 쉽게 관찰된다. 날개 윗면 바깥쪽으로 반짝이는 청색 띠가 있어서 붙은 이름이다. 빠르게 날아다니고, 참나무의 나뭇진이나 동물의 배설물에 잘 날아온다. 암컷은 청미래덩굴, 청가시덩굴에 알을 낳는다.

네발나비과

크기 50~65mm
나타나는 때 3~10월
겨울나기 어른벌레

o 큰 눈알 무늬가 인상적이다.

네발나비과

크기 40~45mm
나타나는 때 5~9월
겨울나기 애벌레

물결나비

마을 주변이나 탁 트인 풀밭 등에서 관찰된다. 날개 뒷면에 있는 눈알 무늬로 천적을 위협한다. 주로 그늘 진 곳에 날아다니며, 경계심을 보인다. 들꽃의 꿀을 빨고, 애벌레는 주름조개풀을 먹는다.

o 풀 줄기에 앉아 쉰다.

봄처녀나비

무덤가나 풀밭에서 주로 관찰된다. 날개 윗면은 검은색이나, 아랫면은 진한 귤빛을 띤다. 암컷이 수컷보다 크고, 날개 뒷면의 눈알 무늬가 선명하다. 예전에는 흔했으나 요즘은 특정한 지역이 아니면 보기 힘들다.

네발나비과

크기 38~44mm
나타나는 때 6~8월
겨울나기 애벌레

o 눈알 무늬가 많다.

네발나비과

크기 45~50mm
나타나는 때 6~8월
겨울나기 애벌레

눈많은그늘나비

산의 풀밭에서 주로 관찰된다. 이름에서 나타나듯이 눈알 무늬가 많다. 그늘에서도 잘 날아다니고, 바위나 주변의 나뭇잎에 앉아 있기를 좋아한다.

o 엉겅퀴 꽃에 검은 대롱을 깊게 꽂고 꿀을 빤다.

흰뱀눈나비

산지의 탁 트인 풀밭이나 참억새가 많은 곳에서 주로 관찰된다. 엉겅퀴에 잘 날아오고, 6월 중순부터 7월에 나타난다. 애벌레는 참억새를 먹고 자란다.

네발나비과

크기 55~65mm
나타나는 때 6~7월
겨울나기 애벌레

o 날다가 툭 떨어지듯 앉는다.

참산뱀눈나비

네발나비과

크기 40~43mm
나타나는 때 4~5월
겨울나기 애벌레

산지에서 이른 봄부터 관찰된다. 전체적인 색이 봄에 풀이 나기 전 흙빛과 비슷하다. 땅이나 돌에 앉아 몸을 눕히고 볕을 쬔다. 잘 날아다니다가 땅에 툭 떨어지듯이 내려앉는다. 암컷은 김의털에 알을 낳는다.

ㅇ 계곡 주변에 날아와 수분을 먹는다.

멧팔랑나비

낮은 산지나 풀밭에서 쉽게 관찰되며, 팔랑나비 종류 중 가장 먼저 나타난다. 산의 임도나 계곡 주변의 젖은 땅에 잘 앉고, 들꽃에도 날아온다. 암컷은 떡갈나무 새순에 알을 낳는다.

팔랑나비과

크기 36~42mm
나타나는 때 4~5월
겨울나기 번데기

○ 뒷날개 중앙으로 줄무늬가 있다.

은줄팔랑나비

팔랑나비과

크기 26~31mm
나타나는 때 5~8월
겨울나기 애벌레

경상도, 경기도, 강원도 일부 지역에서 관찰된다. 낮에 탁 트인 풀밭에서 날아다니며 볕을 쬐거나, 들꽃에 앉아 꿀을 빤다. 뒷날개 아랫면에 흰색에 가까운 줄무늬가 있다.

o 제주도에서 만난 왕자팔랑나비, 흰 줄무늬가 유난히 두껍다.

왕자팔랑나비

낮은 산지부터 높은 산지까지 다양하게 관찰된다. 탁 트인 곳에서 엉겅퀴, 개망초, 고삼 등 다양한 들꽃에 모여 꿀을 빤다. 암컷은 단풍마(국화마)에 알을 낳고, 배 끝에 있는 털을 알에 묻힌다. 애벌레는 단풍마의 잎 바깥쪽을 잘라 뒤집어쓰고 그 속에서 지낸다.

팔랑나비과

크기 33~36mm
나타나는 때 5~9월
겨울나기 애벌레

o 날개에 흰 점 무늬가 퍼져 있다.

팔랑나비과

크기 26~32mm
나타나는 때 4~8월
겨울나기 번데기

흰점팔랑나비

낮은 산지나 풀밭에서 주로 관찰된다. 날개 윗면에 흰 점 무늬가 넓게 퍼져 있다. 낮게 날아다니며 키 작은 들꽃에 앉아서 꿀을 빠는 모습이 자주 보인다. 암컷은 딱지꽃의 잎 뒷면에 하나씩 알을 낳는다.

○ 양증맞게 생긴 수컷.(위)
○ 검은 무늬가 선명한 암컷.(아래)

수풀알락팔랑나비

높은 산지의 임도나 풀밭에서 주로 관찰된다. 다양한 들꽃에 날아와 꿀을 빤다. 사는 곳에서는 개체 수가 아주 많은 편이다. 수컷은 밝은 노란색을 띠고, 암컷은 검은색 무늬가 많다.

팔랑나비과

크기 26~30mm
나타나는 때 5~6월
겨울나기 애벌레

o 실제로 보면 파리로 느껴질 만큼 조그맣다.

팔랑나비과

크기 22~24mm
나타나는 때 6~9월
겨울나기 애벌레

파리팔랑나비

낮은 산지부터 관찰되며, 팔랑나비 종류 중에 가장 작다. 날아다니는 모습이 파리 같아서 파리팔랑나비라는 이름이 붙었다.

o 뒷날개에 둥근 무늬가 빽빽하다.

돈무늬팔랑나비

낮은 산지부터 주로 관찰되고, 넓은 풀밭이나 무덤가에서 볼 수 있다. 뒷날개에 동전 무늬가 있다. 개망초, 엉겅퀴 등 다양한 들꽃에 날아와 꿀을 빤다.

팔랑나비과

크기 12~20mm
나타나는 때 5~8월
겨울나기 애벌레

o 넓은 칡잎에 두 마리가 이야기하듯 앉아 있다.

팔랑나비과

크기 34~40mm
나타나는 때 5~11월
(여러 차례)
겨울나기 애벌레

줄점팔랑나비

도심에서 산지까지 관찰된다. 도로 주변에 심은 꽃에서 보일 정도로 개체 수가 많고, 적응력도 강하다. 애벌레는 벼, 참억새 등을 먹고 자란다.

○ 길쭉한 더듬이가 특징이다.(위)
○ 수컷은 더듬이가 훨씬 길다.(아래)

큰자루긴수염나방

5~7월에 주로 관찰되고, 풀밭이나 산 속의 다양한 들꽃에 날아와 꿀을 빤다. 노란 날개에 세로줄 무늬와 가로줄 무늬가 연이어 나타난다. 더듬이가 매우 길어 수컷은 날개 길이의 네 배, 암컷은 두 배에 이른다.

곡나방과

크기 17~20mm
나타나는 때 5~7월
겨울나기 번데기

◦ 날개에 물결치는 듯한 무늬가 퍼져 있다.

왕물결나방과

크기 100~120mm
나타나는 때 5~8월
겨울나기 알

왕물결나방

날개 편 길이가 10cm가 넘으며, 날개가 둥글고 넓다. 산지에 살고, 자연 휴양림 같은 곳에서 자주 관찰된다. 애벌레는 쥐똥나무를 먹고 자란다. 비슷한 종으로 산왕물결나방이 있다.

o 젖은 땅에 앉아 수분을 빤다.

깜둥이창나방

전국의 낮은 산지부터 관찰된다. 크기가 어른의 손톱만 해서 앙증맞다. 낮에 개망초 같은 들꽃에 날아와 꿀을 빨거나, 젖은 땅에 앉아서 영양분을 흡수한다.

창나방과
크기 14~17mm
나타나는 때 5~8월
겨울나기 애벌레

o 낮에 꽃에 날아와 꿀을 빤다.

명나방과

크기 20~24mm
나타나는 때 5~10월
겨울나기 애벌레

흰띠명나방

도심이나 산지에서 모두 관찰된다. 밤에 불빛에 잘 날아오지만, 낮에 다양한 들꽃에서 꿀을 빠는 모습이 보인다. 날개는 전체적으로 짙은 갈색이고, 앞날개와 뒷날개에 흰 띠가 있다. 애벌레는 박과, 백합과, 가지과 등 다양한 농작물에 피해를 준다.

o 가로등 주변의 벽에서 만났다.

목화바둑명나방

날개와 배까지 이어지는 흰색 삼각형 무늬가 있다. 날개 테두리는 짙은 갈색을 띠고, 배 끝에는 털 뭉치가 있다. 애벌레는 목화, 무궁화, 수박, 참외, 오이 등을 갉아 먹는다. 6월부터 들꽃에 날아오거나 불빛에서 볼 수 있다.

명나방과

크기 22~25mm
나타나는 때 6~10월
겨울나기 번데기

o 날개에 노란 무늬가 있다.

알락나방과

크기 23mm
나타나는 때 5~6월
겨울나기 애벌레

여덟무늬알락나방

전국 낮은 산지의 풀밭에서 주로 관찰된다. 날개는 푸른빛이 나는 검은색이고, 날개에 노란 점이 여덟 개 있어서 붙은 이름이다. 더듬이 끝에 흰 무늬가 있고, 낮에 다양한 들꽃에 날아와 꿀을 빤다.

o 붉은 머리와 날개에 있는 굵고 흰 띠가 특징이다.

뒤흰띠알락나방

전국에서 쉽게 관찰되며, 5~9월에 불빛이 있는 곳에 잘 날아온다. 머리는 빨갛고, 날개는 푸른빛이 도는 검은색이며, 굵고 흰 띠가 있다. 애벌레는 노린재나무를 갉아 먹고 자란다.

알락나방과

크기 25~30mm
나타나는 때 5~9월
겨울나기 애벌레

o 검은 날개맥이 선명하다.

알락나방과

크기 50~60mm
나타나는 때 9~10월
겨울나기 애벌레

벚나무모시나방

낮은 산지에서 주로 관찰되며, 불빛에도 잘 날아온다. 흰 날개가 반투명한 느낌이고, 날개가 시작하는 부분에 노란 무늬가 있으며, 굵은 날개맥에 검은 무늬가 있다. 애벌레는 벚나무, 왕벚나무, 살구나무 등을 먹고 자란다.

o 가로등 불빛에 날아와 주변 풀 줄기에 앉았다.

흰줄푸른자나방

전국의 낮은 산지부터 관찰된다. 몸과 날개가 전부 녹색이며, 앞날개와 뒷날개에 이어지듯 흰 줄무늬가 있다. 애벌레는 참나무 종류의 새순 주변에서 비슷한 모양으로 겨울을 난다. 어른벌레는 5~8월에 불빛에 잘 모여든다.

자나방과

크기 40~45mm
나타나는 때 5~8월
겨울나기 애벌레

o 나뭇잎에 밀착하듯 날개를 펴고 앉는다.

자나방과

크기 28~34mm
나타나는 때 6~8월
겨울나기 애벌레

네눈은빛애기자나방

광택이 나는 흰색에 큰 눈 무늬가 있다. 낮에는 산지 주변 건물의 벽이나 그늘의 나뭇잎에 앉아 쉬는 모습이 관찰된다. 6~8월에 가로등 주변에서도 쉽게 볼 수 있다.

o 불빛에 이끌려 날아왔다.

큰노랑물결자나방

전국의 산지 주변에서 관찰된다. 전체적으로 노란색을 띠며, 날개의 무늬가 복잡하고 앞날개 끝 부분은 밝은 색이다. 몸빛이 아름다워 나비처럼 보이기도 하고, 불빛 주변에 잘 날아온다.

자나방과
크기 46~58mm
나타나는 때 6~9월
겨울나기 애벌레

o 몸에 검은 무늬가 퍼져 있고, 뒷날개 안쪽이 희다.

자나방과

크기 50~51mm
나타나는 때 7~8월
겨울나기 애벌레

노랑날개무늬가지나방

전국의 산지 주변에서 관찰된다. 날개와 몸이 노란색이고, 뒷날개 안쪽만 희며, 전체적으로 검은 점이 있다. 낮에는 들꽃에 날아와 꿀을 빨고, 밤에는 불빛에 모여든다.

o 몸과 날개에 검은 무늬가 고르다.

알락흰가지나방

몸과 날개 전체에 검은 점 무늬가 퍼져 있다. 눈은 약간 푸른빛이 돈다. 낮에는 주로 소나무 등의 거친 나무껍질 사이에 날개를 펴고 쉬며, 불빛에도 모인다.

자나방과

크기 50~55mm
나타나는 때 6~8월
겨울나기 애벌레

o 불빛에 이끌려 날아왔다. 날개의 무늬가 특이하다.

자나방과

크기 30~50mm
나타나는 때 5~8월
겨울나기 애벌레

오얏나무가지나방

몸이 겨자색이고, 날개에 어두운 갈색 끊어진 무늬가 원을 그리듯이 빽빽하다. 애벌레는 자두나무, 복사나무, 매실나무 등을 먹고 자란다. 낮에는 나뭇잎 뒤에 숨었다가 밤이 되면 불빛에 날아온다.

o 날개에 굵고 흰 무늬가 어지럽게 이어진다.

흰그물왕가지나방

몸이 검은색에 가까운 갈색이며, 앞날개와 뒷날개에 굵고 흰 그물 무늬가 퍼져 있다. 낮에 거칠게 일어난 나무껍질 사이에 붙어 있는 모습이 관찰되고, 밤에는 불빛에도 날아온다.

자나방과	
크기	58~62mm
나타나는 때	5~8월
겨울나기	애벌레

o 날개 바깥쪽이 톱니처럼 울퉁불퉁하다.

박각시과

크기 126~131mm
나타나는 때 4~5월
겨울나기 번데기

대왕박각시

우리 나라 박각시 중에 가장 크고, 이른 봄부터 불빛에 날아온다. 애벌레의 먹이가 되는 복사나무, 개복숭아나무가 있는 곳이면 전국적으로 관찰된다. 건드리면 쉭쉭거리는 소리를 내며, 큰 덩치만큼 힘도 세다.

o 녹색 얼룩무늬가 특이하다.

녹색박각시

전국의 산지 주변에서 관찰된다. 몸이 녹색이고, 날개에 전체적으로 녹색 얼룩무늬가 있다. 7~8월에 개체 수가 많고, 산지 주변의 불빛에 잘 날아든다. 애벌레는 느릅나무, 느티나무를 먹고 자란다.

박각시과
크기 65~70mm
나타나는 때 7~8월
겨울나기 번데기

o 도심에 심은 꽃의 꿀을 빤다.

박각시과

크기 40~43mm
나타나는 때 7~10월
겨울나기 번데기

작은검은꼬리박각시

도심부터 낮은 산지까지 관찰된다. 도로 주변에 심은 꽃, 산지에 핀 들꽃 등 다양한 꿀을 빤다. 매우 빠르게 날아다니고, 꿀을 빨 때는 정지 비행을 하는 모습 때문에 벌새로 오인 받기도 한다.

o 도심에서도 흔히 만날 수 있다.

얼룩매미나방

낮은 산지에도 있지만, 도심의 공원이나 아파트 단지에서 쉽게 관찰된다. 회백색 몸에 검고 불규칙한 무늬가 있다. 애벌레는 넓은잎나무(활엽수)와 바늘잎나무(침엽수) 모두 먹어 치운다. 나무나 아파트 벽에 솜뭉치처럼 붙어 있는 것이 매미나방 종류의 알집이다.

독나방과

크기 37~52mm
나타나는 때 7~8월
겨울나기 알

○ 이름처럼 다리가 누렇다.(위)
○ 황다리독나방의 번데기.(아래)

독나방과

크기 35~40mm
나타나는 때 5~6월
겨울나기 애벌레

황다리독나방

전국의 낮은 산지부터 관찰된다. 몸이 희고, 더듬이는 검은색이다. 봄에 황다리독나방 애벌레들이 층층나무를 초토화할 정도로 발생하여 뉴스에 자주 소개된다. 산길 주변의 전봇대나 시멘트 벽 등에 집단으로 고치를 틀고 날개돋이(우화) 하는 모습도 관찰된다.

o 알록달록한 무늬가 경고하는 듯하다.

흰무늬왕불나방

전국적으로 쉽게 관찰된다. 나방답지 않게 몸빛이 밝고, 앞날개에는 검고 굵은 그물 무늬가 있다. 밤보다 낮에 잘 보이고, 숲 속을 정신없이 날아다니다가 잎이 우거진 나뭇잎에 앉아 쉰다.

불나방과

크기 80~90mm
나타나는 때 5~8월
겨울나기 번데기

o 앞날개에 태극 무늬가 선명하다.

밤나방과

크기 64~70mm
나타나는 때 5~8월
겨울나기 번데기

태극나방

전국적으로 흔하게 볼 수 있다. 앞날개에 태극 무늬가 한 쌍 있다. 밤에 참나무 종류의 나뭇진을 빠는 모습이 관찰된다. 애벌레는 자귀나무, 차풀을 먹고 자란다. 5월부터 불빛에 날아오기도 한다.

o 참나무 종류의 나뭇진을 빤다.

흰줄태극나방

낮은 산지부터 주로 관찰된다. 앞날개의 태극 무늬 한 쌍 뒤로 뒷날개까지 이어지는 듯한 흰 줄무늬가 뚜렷하다. 밤에 참나무 종류에 잘 날아오고, 애벌레는 자귀나무와 청미래덩굴 등을 먹고 자란다.

밤나방과

크기 55~63mm
나타나는 때 5~8월
겨울나기 번데기

○ 참나무 종류에 날아와 먹이를 찾는다.(위)
○ 불빛에 이끌려 날아왔다.(아래)

밤나방과

크기 90~100mm
나타나는 때 5~9월
겨울나기 번데기

왕흰줄태극나방

우리 나라 태극나방 종류 중에 가장 크고, 날개 끝이 톱니처럼 울퉁불퉁하다. 참나무 나뭇진이나 과수원에 떨어진 썩은 과일에서 즙을 빠는 모습이 관찰되며, 5월부터 9월까지 불빛에도 잘 날아온다. 애벌레는 청미래덩굴을 갉아 먹는다.

- 날개를 접으면 나뭇잎 같다.(위)
- 만화 캐릭터처럼 생긴 애벌레.(아래)

으름밤나방

전국에서 관찰되는 나방이다. 이름에 나타나듯이 애벌레 때 으름덩굴을 먹고 산다. 날개를 접으면 낙엽 모양이고, 앞날개에 가려진 뒷날개는 밝은 노란색 바탕에 검은 무늬가 있다. 애벌레는 앵무새처럼 보이는 생김새와 무늬가 특징이다. 어른벌레는 과수원에 날아와 다양한 과일즙을 빤다.

밤나방과

크기 95~100mm
나타나는 때 7~9월
겨울나기 번데기

o 녹색 고치에서 갓 나와 날개를 말린다.

산누에나방과

크기 75~110mm
나타나는 때 10~11월
겨울나기 알

유리산누에나방

날씨가 쌀쌀해지는 10월부터 관찰된다. 날개에 반투명한 막질로 된 부분이 있다. 10~11월에 산지의 불빛에 날아오는 모습이 보인다. 애벌레는 참나무, 신나무 등의 잎을 먹고 자란다.

○ 앞날개 끝 부분이 뱀의 머리처럼 보인다.(위)
○ 생김새가 특이한 애벌레.(아래)

가중나무고치나방

전국의 산이 인접한 도심이나 산지의 불빛에서 흔히 관찰되는 큰 나방이다. 앞날개 끝 부분이 둥글게 튀어나와 뱀의 머리와 비슷하다. 애벌레는 녹나무, 사과나무, 황벽나무, 가죽나무(가중나무), 붉나무, 때죽나무, 산초나무 등 다양한 식물을 먹는다.

산누에나방과

크기 110~140mm
나타나는 때 4~9월
겨울나기 알

o 불빛에 이끌려 날아온 참나무산누에나방.

산누에나방과

크기 110~145mm
나타나는 때 7~9월
겨울나기 알

참나무산누에나방

전국의 산지 주변에서 관찰되는 큰 나방이다. 몸빛은 옅은 갈색부터 붉은색을 띠는 갈색까지 조금씩 다르고, 앞날개와 뒷날개에 동그란 무늬가 한 쌍씩 있다. 무더워지는 7월부터 산 속의 불빛에서 보인다. 애벌레는 참나무 종류의 잎을 주로 갉아 먹으며, 잎에 고치를 만든다.

o 옥색 날개가 인상적이다.

옥색긴꼬리산누에나방

전국의 낮은 산지부터 쉽게 관찰된다. 몸이 옥색이고, 뒷날개 끝 부분이 가늘고 길다. 낮에는 나뭇잎 뒤에 숨었다가 밤이 되면 불빛에 날아온다. 애벌레는 단풍나무 종류를 주로 먹는다.

산누에나방과

크기 95~110mm
나타나는 때 5~8월
겨울나기 알

o 나뭇잎과 구별하기 힘들 정도로 무늬가 비슷하다.

재주나방과

크기 47~56mm
나타나는 때 6~9월
겨울나기 번데기

기생재주나방

낮은 산지부터 관찰되며, 6~9월에 산지 주변의 불빛에 잘 날아온다. 앞날개의 무늬가 낙엽이 말린 듯한 모양인데, 워낙 정교해서 신기할 정도다. 애벌레는 굴피나무, 가래나무를 먹고 자란다.

o 털 뭉치를 넓게 펴고 올렸다 내렸다 한다.

꽃술재주나방

전국의 낮은 산지와 5~8월 불빛에서 많이 보인다. 배 끝 부분에 꽃술 모양의 털 뭉치가 있다. 앉아 있을 때 털 뭉치를 넓게 펼쳐 배를 올렸다 내렸다 하며 페로몬을 내뿜는다.

재주나방과

크기 60~80mm
나타나는 때 5~8월
겨울나기 번데기

딱정벌레 무리

알-애벌레-번데기-어른벌레를 거쳐 완전탈바꿈 하는 무리다. 곤충 가운데 가장 많은 종류를 차지하는 무리로, 땅 위부터 물 속까지 적응하지 못한 곳이 없다. 몸은 딱딱한 외골격으로 덮였고, 딱딱한 딱지날개 한 쌍과 부드럽고 넓은 속날개가 있는 것이 일반적인 특징이다. 다양한 종류만큼 생김새나 생태가 다양하며, 먹이도 초식부터 육식까지 가리지 않는다. 크기도 1mm로 눈에 보이지 않는 것부터 80mm가 넘는 것까지 있다. 인간과 밀접하고 친숙한 곤충으로, 우리가 흔히 보는 무당벌레나 애완 곤충으로 인기가 많은 사슴벌레, 장수풍뎅이 등이 모두 딱정벌레 무리다.

o 물 위에 떠다니다 위험을 느끼면 빙빙 돈다.

물맴이

물의 흐름이 느린 계곡에서 관찰된다. 몸은 광택이 나는 검은색이다. 눈은 두 쌍인데 한 쌍은 물 위를 보고, 다른 한 쌍은 물 아래를 본다. 물 위를 천천히 돌아다니거나 떠 있다가 위험을 느끼면 원을 그리며 빠르게 돈다.

물맴이과

크기 6~7.5mm
나타나는 때 4~10월
겨울나기 어른벌레

o 물 위에 떠 있는 왕물맴이.

물맴이과

크기 8~10mm
나타나는 때 4~10월
겨울나기 어른벌레

왕물맴이

물맴이 중에 가장 크다. 몸은 보는 각도에 따라 청록색 광택이 나고, 테두리에 노란 띠가 있다. 딱지날개 끝 쪽으로 홈이 파였고, 뾰족한 돌기도 있다. 물 위에 떠다니다 위험을 느끼면 빠르게 돌거나, 물 아래로 머리를 처박고 숨는다.

◦ 겨울 계곡물에서 발견한 애기물방개.

애기물방개

전국의 웅덩이나 농사짓지 않는 논에서 볼 수 있다. 전체적으로 흑갈색이고, 테두리에 연한 갈색 줄이 있다. 물이 고인 곳에서 관찰되고, 불빛이 있으면 잘 날아온다.

물방개과
크기 12~13mm
나타나는 때 1~12월
겨울나기 어른벌레

o 웅덩이에서 알 낳을 곳을 찾는 물방개.

물방개

물방개과

크기 35~40mm
나타나는 때 1~12월
겨울나기 어른벌레

우리 나라 물방개 중 가장 크다. 보는 각도에 따라 녹색이 나며, 딱지날개 테두리에 굵고 노란 줄이 있다. 애벌레와 어른벌레 모두 물 속에 살며, 물고기와 하루살이, 실지렁이 등을 잡아먹는다. 예전에는 논이나 웅덩이에서 자주 보였으나, 요즘은 보기 힘들다.

o 숨을 쉬기 위해 물 위로 떠오른 동쪽애물방개.

동쪽애물방개

물방개와 비슷하게 생겼으나 크기가 작다. 일정한 지역에 살며, 물방개보다 훨씬 보기가 힘들다. 애벌레와 어른벌레 모두 물 속에서 육식을 하며, 불빛에도 날아든다.

물방개과

크기 23~25mm
나타나는 때 1~12월
겨울나기 어른벌레

ㅇ 웅덩이에서 쉽게 관찰되는 검정물방개.

검정물방개

물방개과

크기 18~22mm
나타나는 때 1~12월
겨울나기 어른벌레

전국에서 흔히 관찰되는 물방개다. 몸은 전체적으로 검은색처럼 보이나, 각도에 따라 녹색을 띤다. 딱지날개 끝 부분에는 주황색 점이 있다. 사는 곳에 개체 수가 많다. 만지면 고약한 냄새가 나는 우윳빛 액체를 내뿜는다.

○ 불빛에 날아온 물땡땡이.

물땡땡이

전국의 웅덩이나 저수지에서 관찰되며, 몸은 길쭉한 타원형이다. 애벌레는 물달팽이 등을 잡아먹고 자란다. 어른벌레가 되면 주로 물풀(수초)을 먹지만, 때때로 죽은 물고기도 먹는다. 어른벌레는 주변의 불빛에 잘 날아온다.

물땡땡이과

크기 32~40mm
나타나는 때 4~11월
겨울나기 애벌레, 어른벌레

o 몸빛이 화려한 길앞잡이.

딱정벌레과

크기 18~21mm
나타나는 때 4~6월,
8~9월
겨울나기 어른벌레

길앞잡이

우리 나라 길앞잡이 종류 중에 가장 크고 화려하다. 전국 야산의 등산로에서 개미나 나방, 나비의 애벌레를 잡아먹고 산다. 다가가면 날아서 일정한 간격을 두고 앉는다.

o 염전 주변의 개펄에서 짝짓기 한다.

꼬마길앞잡이

전국의 습지 주변, 바닷가, 염전이 있는 곳에서 관찰된다. 길앞잡이 가운데 크기가 작은 편이라 붙은 이름이다. 사는 곳에서는 수백 마리가 동시에 발견될 때가 많다.

딱정벌레과

크기 8~11mm
나타나는 때 6~9월
겨울나기 어른벌레

○ 봄부터 볕이 잘 드는 흙길에서 관찰된다.

딱정벌레과

크기 16~17mm
나타나는 때 4~6월
겨울나기 애벌레, 어른벌레

아이누길앞잡이

전국의 등산로나 시골의 밭 주변에서 이른 봄부터 관찰된다. 전체적으로 갈색이고, 딱지날개에 대칭을 이루는 회백색 무늬가 있다. 사는 곳 주변을 돌아다니며 개미나 거미, 나비, 나방 종류의 애벌레를 잡아먹는다.

o 강원도의 높은 산에서 만난 산길앞잡이.

산길앞잡이

우리 나라의 산지에서 관찰된다. 조금 높은 산에 살며, 몸은 어두운 회색을 띠는 개체와 녹색을 띠는 개체가 있다.

딱정벌레과

크기 15~18mm
나타나는 때 5~9월
겨울나기 애벌레,
　　　　　어른벌레

o 딱지날개 가장자리에 흰 띠가 선명하다.

딱정벌레과

크기 7~10mm
나타나는 때 6~8월
겨울나기 애벌레,
어른벌레

흰테길앞잡이

서해안의 염전이나 개펄에서 관찰된다. 작은 몸에 비해서 다리가 가늘고 길며, 딱지날개 테두리에 흰 무늬가 뚜렷하다. 사는 곳에는 개체 수가 매우 많으며, 해초나 썩은 바닷물에 날아오는 파리 종류를 먹는다.

○ 굵은 모래가 있는 강가에서 관찰된다.

개야길앞잡이

모래와 자갈이 있는 강가에서 관찰된다. 몸은 푸른빛이 도는 검은색이다. 암컷은 윗입술이 검은색이고, 수컷은 흰색이다. 매우 보기 힘든 종이며, 요즘은 강가의 공사 때문에 사라져 가는 곤충이다.

딱정벌레과

크기 11~13mm
나타나는 때 6~8월
겨울나기 애벌레, 어른벌레

o 숲길에서 빠르게 기어다니면 일본왕개미와 헷갈린다.

딱정벌레과

크기 10~12mm
나타나는 때 6~8월
겨울나기 애벌레, 어른벌레

깔따구길앞잡이

크기나 생김새가 일본왕개미와 비슷하다. 건조한 산지의 좁은 길에서 빠르게 기어다닌다. 몸은 전체적으로 검은색이다. 딱지날개 바깥쪽 끝 부분에 흰 점이 있고, 딱지날개 끝에 붉은 점이 보이는 개체도 관찰된다.

o 바닷가 모래밭에서 만날 수 있다.

큰무늬길앞잡이

바닷가 모래밭에서 주로 관찰된다. 몸은 흑남색이고, 딱지날개에 굵은 황백색 무늬가 대칭을 이룬다. 서해안의 해수욕장에서도 자주 눈에 띄었으나, 관광지 개발 등으로 인해 개체 수가 줄고 있다.

딱정벌레과

크기 15~18mm
나타나는 때 5~8월
겨울나기 애벌레, 어른벌레

○ 바닷가 모래밭에서 만난 닻무늬길앞잡이.

딱정벌레과

크기 10~15mm
나타나는 때 7~9월
겨울나기 애벌레

닻무늬길앞잡이

서해안 극히 일부 지역에서 관찰된다. 바닷가의 모래에서 파리 등을 잡아먹고 산다. 딱지날개에 배의 닻 무늬가 있어서 붙은 이름이다. 매우 빠른 편이고, 멸종위기종 2급으로 지정·보호된다.

o 밤에 먹이를 찾아 아스팔트 바닥을 돌아다닌다.

풀색명주딱정벌레

전국의 낮은 산지에서 주로 관찰된다. 몸이 넓고 납작하며, 딱지날개 테두리에 녹색이 난다. 낮과 밤 모두 활발하게 돌아다니며, 나비나 나방 애벌레 등을 잡아먹는다. 6월 초에 많이 보인다.

딱정벌레과

크기 18~25mm
나타나는 때 4~9월
겨울나기 어른벌레

o 도심 공원의 가로등 아래에서 만났다.

큰명주딱정벌레

딱정벌레과

크기 20~30mm
나타나는 때 5~8월
겨울나기 어른벌레

전국의 낮은 산지나 숲 근처 공원 등에서 관찰된다. 몸은 구릿빛을 띠고, 딱지날개에 금색 점이 세로로 줄지어 있다. 뒷다리 종아리마디가 휘었다. 딱정벌레아과 곤충들은 속날개가 퇴화되어 없지만 큰명주딱정벌레, 검정명주딱정벌레, 풀색명주딱정벌레는 속날개가 있다.

o 딱지날개가 울퉁불퉁하다.

두꺼비딱정벌레

우리 나라 딱정벌레 중 작은 편에 속하며, 크고 높은 산지에서 주로 관찰된다. 몸이 검고, 딱지날개가 곰보 자국처럼 울퉁불퉁하다. 낮에는 돌이나 썩은 나무 아래 숨었다가 밤이면 나와서 활동한다.

딱정벌레과

크기 17~22mm
나타나는 때 4~8월
겨울나기 어른벌레

o 강원도에서 만난 녹색형 멋쟁이딱정벌레.

딱정벌레과

크기 28~40mm
나타나는 때 4~11월
겨울나기 어른벌레

멋쟁이딱정벌레

전국의 높고 낮은 산지에서 관찰된다. 사는 곳에 따라 가슴과 딱지날개의 색이 다르다. 낮에는 어두운 곳에 숨었다가 밤이면 나와서 밟혀 죽은 곤충과 거미 등을 먹고, 지렁이를 잡아먹기도 한다.

o 먹이를 찾아 나온 홍단딱정벌레.

홍단딱정벌레

전국의 높고 낮은 산지에서 관찰된다. 전체적으로 광택이 강한 붉은색이지만, 개체마다 몸빛이 조금씩 다르다. 붉은색을 띠어 홍단이란 이름이 붙었으나, 지역에 따라 녹색이 나는 개체도 있다. 6월에 활발하게 활동한다.

딱정벌레과

크기 25~45mm
나타나는 때 4~11월
겨울나기 어른벌레

o 조그만 벌레의 사체를 먹는다.

딱정벌레과

크기 22~30mm
나타나는 때 3~11월
겨울나기 어른벌레

우리딱정벌레

전국의 산지에서 흔히 관찰된다. 몸은 일반적으로 구릿빛을 띠는데, 고산 지대로 갈수록 녹색을 띠면서 광택도 강해진다. 죽은 곤충이나 나비, 나방, 지렁이 등을 먹는다. 흙 벼랑이나 이끼 아래에서 겨울을 난다.

○ 딱지날개 가장자리의 녹색이 선명하다.

왕딱정벌레

우리 나라 일부 지역의 낮은 산지에서 주로 관찰된다. 앞가슴등판이 다른 딱정벌레보다 넓다. 가슴은 붉은색이며, 딱지날개는 전체적으로 녹색이고 테두리로 갈수록 선명하고 짙어진다. 5월부터 활동하며, 사냥을 하거나 사는 곳에 있는 곤충의 사체를 먹는다.

딱정벌레과

크기 30~33mm
나타나는 때 5~9월
겨울나기 어른벌레

o 먹이를 찾아 나온 멋조롱박딱정벌레.

딱정벌레과

크기 23~28mm
나타나는 때 4~9월
겨울나기 어른벌레

멋조롱박딱정벌레

충청북도, 경기도, 강원도의 높은 산에서 4월부터 볼 수 있다. 가슴과 배 사이가 잘록한 것이 조롱박 같아서 붙은 이름이다. 가슴은 붉은색이고, 딱지날개는 녹색에서 청색까지 조금씩 다른 색을 띤다. 멸종 위기종 2급으로 지정·보호된다.

o 딱지날개끼리 닿는 부분이 볼록 솟았다.

창언조롱박딱정벌레

지리산 정상 근처에서 관찰되는 세계적인 희귀종이다. 몸빛이 화려하고, 딱지날개끼리 닿는 부분이 볼록 솟은 것이 특징이다. 5월부터 활동하며, 조그만 나방과 나비 애벌레 등을 잡아먹는다.

딱정벌레과

크기 23~25mm
나타나는 때 5~9월
겨울나기 어른벌레

◦ 밤에 바닷가 모래 위를 돌아다닌다.

큰조롱박먼지벌레

딱정벌레과

크기 28~43mm
나타나는 때 6~10월
겨울나기 알려지지 않음

바닷가의 부드러운 모래와 풀밭이 맞닿은 곳에서 주로 관찰된다. 서해안에서 많이 보이고, 턱이 강해서 작은 곤충을 사냥하거나 죽은 곤충을 먹고 산다. 낮에는 모래 구멍에 숨었다가 해질녘이면 바닷가를 돌아다닌다.

o 바닷가의 부드러운 모래 위에서 관찰된다.

조롱박먼지벌레

바닷가의 부드러운 모래와 풀밭이 맞닿은 곳에서 주로 관찰된다. 큰조롱박먼지벌레와 같은 곳에서 관찰되고, 개체 수가 훨씬 많다. 바닷가에 떠내려온 쓰레기나 나무 아래에서도 자주 보이고, 해질녘이면 먹이를 찾아 바닷가를 돌아다닌다.

딱정벌레과

크기 16~18mm
나타나는 때 4~9월
겨울나기 알려지지 않음

○ 종아리마디만 색이 다르다.

딱정벌레과

크기 20~22mm
나타나는 때 6~10월
겨울나기 어른벌레

딱정벌레붙이

바닷가나 강가에서 관찰된다. 모래와 풀밭이 만나는 곳에 구멍을 파고 집을 만든다. 몸은 전체적으로 검고, 종아리마디만 밝은 갈색이다. 낮에는 모래 속 집에 숨었다가 밤이면 나와서 먹이를 찾아다닌다.

o 지렁이를 뜯어 먹는 줄먼지벌레(왼쪽)와 폭탄먼지벌레(오른쪽).

줄먼지벌레

전국의 낮은 산지에서 주로 관찰되고, 종종 도심의 아파트나 공원에서도 보인다. 가슴은 광택이 있는 자줏빛이나 녹색이고, 딱지날개는 광택이 없는 검은색이며 세로줄 무늬처럼 파였다. 밤에 나와 지렁이나 죽은 곤충을 먹는다.

딱정벌레과

크기 22~23mm
나타나는 때 5~10월
겨울나기 어른벌레

o 노란 무늬가 눈에 띈다.

딱정벌레과

크기 17~19mm
나타나는 때 5~8월
겨울나기 어른벌레

큰털보먼지벌레

전국의 낮은 산지부터 관찰된다. 몸이 넓고 납작하며, 전체적으로 검은색을 띤다. 딱지날개에 크고 노란 무늬가 대칭을 이룬다. 밤에 나와서 작은 곤충이나 죽은 곤충을 먹는다.

o 딱지날개에 노란 점이 뚜렷하다.

두점박이먼지벌레

전국의 산과 도심에서 관찰된다. 몸빛은 광택이 없는 검은색이고, 딱지날개에 노란 점이 한 쌍 있으며, 무르고 약하다. 가로등 불빛에 날아와 조그만 나방 종류의 사체를 먹는다.

딱정벌레과

크기 12~13mm
나타나는 때 5~10월
겨울나기 어른벌레

o 머리가 유난히 크다.

딱정벌레과

크기 20~24mm
나타나는 때 6~8월
겨울나기 어른벌레

머리먼지벌레

전국의 강가와 습지 주변에서 주로 관찰된다. 다른 먼지벌레보다 머리가 크다. 머리에 광택이 나고, 가슴과 딱지날개는 광택이 나지 않는다. 불빛에 잘 날아오고, 주변에 같이 날아온 하루살이 등을 잡아먹는다.

o 다리가 길어서 움직임이 더 빠르다.

목가는먼지벌레

남쪽에서 주로 관찰되며, 움직임이 빠르다. 다리가 매우 길고, 가슴에 빨간 무늬가 보이는 개체도 있다. 머리는 빨간색이고, 다리는 넓적다리 일부가 노랗다. 제주도나 남쪽의 바닷가 야산에서 많이 보이고, 충청북도 일부 지역에서도 많은 개체가 관찰되었다.

딱정벌레과

크기 20~28mm
나타나는 때 4~9월
겨울나기 어른벌레

o 몸에 빗물이 묻었다. 비가 오는데도 먹이를 찾아다닌다.

딱정벌레과

크기 10~12mm
나타나는 때 4~8월
겨울나기 어른벌레

꼬마목가는먼지벌레

전국의 낮은 산지부터 관찰된다. 딱지날개는 어두운 파란색이며, 머리와 앞가슴등판, 다리는 주황색이다. 해가 지면 나와서 죽은 곤충을 먹고, 만지면 소리를 내며 가스를 뿜어 몸을 보호한다.

o 차에 깔려 죽은 곤충은 좋은 먹이다.

폭탄먼지벌레

전국의 낮은 산지부터 관찰된다. 머리와 가슴은 주황색에 검은 무늬가 있고, 딱지날개는 검은색에 노란 무늬 한 쌍이 대칭을 이룬다. 위험을 느끼면 '퍽' 소리와 함께 뜨거운 가스와 액체를 뿜어서 붙은 이름이다. 이 액체가 닿은 부분은 검게 변한다.

딱정벌레과

크기 11~18mm
나타나는 때 5~9월
겨울나기 어른벌레

o 짝짓기를 하려는 한 쌍.

송장벌레과

크기 10~15mm
나타나는 때 5~7월
겨울나기 어른벌레

네눈박이송장벌레

전국의 낮은 산지부터 관찰된다. 몸은 밝은 갈색이고, 머리 뒤쪽으로 가슴에 크고 검은 점이 있으며, 딱지날개에는 점이 네 개 있다. 낮에 숲 속에서 날아다니며 나뭇잎 위에 있는 나비와 나방의 애벌레를 잡아먹는다.

o 죽은 동물을 찾아 풀숲을 헤맨다.

큰넓적송장벌레

전국의 낮은 산지부터 많이 관찰된다. 몸은 푸른빛이 도는 검은색이다. 어두운 곳을 좋아하여 낮에는 주로 그늘 진 숲 속에서 활동한다. 동물의 사체에 잘 날아오고, 죽은 곤충이나 지렁이 등에서도 보인다.

송장벌레과

크기 17~23mm
나타나는 때 5~8월
겨울나기 어른벌레

o 딱지날개에 튀어나온 줄무늬가 선명하다.

송장벌레과

크기 15~20mm
나타나는 때 5~8월
겨울나기 어른벌레

넓적송장벌레

전국의 높은 산지에서 주로 관찰된다. 큰넓적송장벌레와 비슷하게 생겼으나, 딱지날개 테두리가 더 납작하고 가운데 부분이 불룩 솟았다. 딱지날개에 세로로 튀어나온 줄도 도드라진다. 속날개가 퇴화되어 날지 못하는 송장벌레다.

o 몸에 진드기가 잔뜩 붙었다. 사체 냄새를 맡고 날아왔다.

대모송장벌레

전국의 낮은 산지부터 관찰된다. 가슴은 광택이 나는 주황색이며, 딱지날개는 푸른빛이 도는 검은색이다. 낮에도 가끔 날아다니는 모습이 보이지만 밤에 많이 활동하고, 동물의 사체에 날아온다.

송장벌레과

크기 18~22mm
나타나는 때 6~9월
겨울나기 어른벌레

○ 불빛에 이끌려 날아온 큰수중다리송장벌레.

큰수중다리송장벌레

송장벌레과

크기 15~23mm
나타나는 때 6~8월
겨울나기 어른벌레

전국의 낮은 산지부터 많이 관찰된다. 몸은 검은색에 가까운 남색이다. 수컷은 암컷에 비해 넓적다리마디가 굵고, 종아리마디는 둥글게 휜다. 동물의 사체에 많이 날아오고, 불빛에도 날아든다.

o 사체 아래 있었는지 몸에 오물이 잔뜩 묻었다.

검정송장벌레

전국의 낮은 산지부터 관찰되고, 우리 나라에서 가장 큰 송장벌레다. 몸은 검은색이다. 동물의 사체나 불빛에 잘 날아오고, 건드리면 다리를 쭉 뻗고 입에서 거품을 내며 죽은 척한다. 생태적인 이유 때문에 몸에 항상 진드기가 붙어 있다.

송장벌레과

크기 25~40mm
나타나는 때 5~9월
겨울나기 어른벌레

o 두더지 사체에 날아왔다.

송장벌레과

크기 14~16mm
나타나는 때 4~9월
겨울나기 어른벌레

넉점박이송장벌레

전국의 낮은 산지부터 많이 관찰된다. 딱지날개에 큰 주황색 무늬가 대칭을 이룬다. 개체 수가 아주 많고 흔하다. 개구리나 곤충 등 작은 사체에도 잘 날아오고, 불빛 근처에서 자주 보인다.

o 밤에 숲길에서 많이 보인다.

한국반날개

높은 산지에서 주로 관찰되며, 개미와 비슷하게 생겼다. 우리 나라 반날개 중 큰 편이고, 몸이 검은색이다. 낮에는 사는 곳 주변의 돌이나 나무 아래 숨었다가 밤이 되면 활동한다. 위험을 느끼면 배를 들어올린다.

반날개과

크기 24~28mm
나타나는 때 5~9월
겨울나기 알려지지 않음

o 둥글고 빨간 가슴이 눈에 띈다.

곳체개미반날개

반날개과

크기 10~12mm
나타나는 때 5~8월
겨울나기 알려지지 않음

전국의 산지에서 주로 관찰된다. 이름에 나타나듯이 개미와 비슷한 모양이다. 머리와 배 일부분은 청록색이고, 가슴은 빨갛다. 낮에도 잘 돌아다니고, 나뭇잎에 앉은 모습이 자주 보인다.

o 수분이 많은 썩은 나무에서 겨울을 난다.

원표애보라사슴벌레

높은 산지에 산다. 수컷은 광택이 나는 청록색이고, 암컷은 금빛이 도는 녹색이다. 손가락 굵기의 썩은 넓은잎나무 안에서 애벌레나 어른벌레로 겨울을 보낸다. 봄이 되면 물푸레나무, 참나무 종류의 새순에 상처를 내고 그 즙을 먹는다.

사슴벌레과

크기 8.5~11mm
나타나는 때 4~6월
겨울나기 애벌레, 어른벌레

o 썩은 팽나무에서 관찰되었다.

길쭉꼬마사슴벌레

제주도나 남쪽 일부 섬에서 관찰된다. 몸은 광택이 나는 검은색이다. 손가락 굵기의 가지부터 굵은 나무까지 썩은 넓은잎나무에서 볼 수 있다. 애벌레는 썩은 나무를 먹고 자라며, 어른벌레는 육식을 한다.

사슴벌레과

크기 9~12mm
나타나는 때 6~8월
겨울나기 애벌레, 어른벌레

o 턱 옆의 돌기가 특이하다.

제주뿔꼬마사슴벌레

제주도에서 관찰된다. 몸은 광택이 나는 검은색이고, 턱의 양쪽에 위로 휜 돌기가 있다. 애벌레는 썩은 나무를 먹고 자라며, 어른벌레는 육식을 한다. 썩은 넓은잎나무의 굵은 가지에서 볼 수 있으며, 길쭉한 구멍 안에서 여러 마리가 겨울을 난다.

사슴벌레과
크기 14~16.3mm
나타나는 때 6~8월
겨울나기 어른벌레

o 참나무 나뭇진에서 짝짓기 한다.

사슴벌레

높은 산지 주변에서 주로 관찰된다. 온몸이 갈색 털로 덮였다. 수컷은 큰턱 뒤로 넓게 펼쳐진 돌기가 있는데, 이 돌기는 크기가 큰 수컷일수록 넓고 크게 발달한다. 6월 중순부터 나뭇진에 나타나고, 불빛에도 잘 날아온다.

사슴벌레과

크기 암컷 23~39mm,
  수컷 43~70mm
나타나는 때 6~8월
겨울나기 애벌레,
  어른벌레

○ 큰턱이 위로 휜 모양이다.

다우리아사슴벌레

산지의 가로등이나 건물의 불빛에서 주로 관찰된다. 몸은 광택이 나는 적갈색이다. 수컷은 턱이 위로 휘듯 솟았으며, 성질이 급하고 사납다. 사슴벌레 중 가장 늦게 활동을 시작하고, 나무에서는 보기 어렵다.

사슴벌레과

크기 20~38mm
나타나는 때 7~9월
겨울나기 애벌레

o 참나무 나뭇진에서 만난 톱사슴벌레 한 쌍.

톱사슴벌레

사슴벌레과

크기 암컷 25~35mm,
 수컷 33~70mm
나타나는 때 6~9월
겨울나기 애벌레,
 어른벌레

낮은 산지부터 관찰된다. 몸은 적갈색이나 흑갈색이다. 수컷은 턱이 아래로 휘는데, 크기가 큰 수컷일수록 크고 많이 휜다. 6월부터 나뭇진에 날아오고, 어두운 숲에서는 낮에도 잘 붙어 있다. 불빛을 좋아한다.

o 제주도 숲 속에서 만난 두점박이사슴벌레 한 쌍.

두점박이사슴벌레

제주도에서 관찰되고, 몸은 전체적으로 밝은 갈색이다. 가슴 옆쪽으로 검은 점이 있어서 붙은 이름이다. 나뭇진이나 불빛에 잘 날아온다. 멸종 위기종 2급으로 지정·보호된다.

사슴벌레과

크기 암컷 24~31mm, 수컷 26~67mm
나타나는 때 7~9월
겨울나기 애벌레, 어른벌레

o 참나무 종류 속에서 겨울을 난다.

사슴벌레과

크기 암컷 24~38mm,
  수컷 34~58.5mm
나타나는 때 6~9월
겨울나기 애벌레,
  어른벌레

홍다리사슴벌레

높은 산지 주변에서 주로 관찰된다. 몸을 뒤집어 보면 넓적다리마디와 배 일부분이 붉은색이라 붙은 이름이다. 6월부터 밤에 참나무 종류의 나뭇진에서 볼 수 있고, 불빛에도 잘 날아온다.

o 참나무에서 나뭇진을 찾아 돌아다니는 수컷.

애사슴벌레

전국의 야산부터 흔히 관찰되는 사슴벌레다. 온몸이 검은색이고, 광택은 강하지 않다. 수컷은 큰턱의 가운데 부분에 안쪽으로 발달한 돌기가 있다. 넓은잎나무의 나뭇진에 모이고, 도심 주변의 불빛에서도 보인다.

사슴벌레과

크기 암컷
21.6~30.5mm,
수컷
22~53.5mm
나타나는 때 5~9월
겨울나기 애벌레,
어른벌레

o 참나무 속에서 겨울을 나던 털보왕사슴벌레.

털보왕사슴벌레

사슴벌레과

크기 암컷
16.7~22.1mm,
수컷
14.1~26.2mm
나타나는 때 5~8월
겨울나기 애벌레,
어른벌레

전라남도 일부 지역에서 관찰된다. 몸이 갈색 털로 덮였다. 아주 작은 사슴벌레로, 잘 움직이지 않는다. 여름에 나뭇진에서도 관찰되지만, 겨울에 썩은 나무에서 어른벌레가 보이는 경우가 많다.

o 나뭇진을 먹으러 날아온 왕사슴벌레.

왕사슴벌레

전국적으로 분포하지만, 주로 충청도와 전라도 마을 주변의 참나무 숲에서 관찰된다. 수컷은 큰턱이 겹치듯 발달했다. 5월 말부터 나뭇진에서 보인다. 왕사슴벌레는 수명이 길고 생김새도 멋져서 애완 곤충으로 인기다.

사슴벌레과

크기 암컷 24~44mm,
　　　수컷 25~70.5mm
나타나는 때 5~8월
겨울나기 애벌레,
　　　　　어른벌레

o 개미와 뒤섞여 나뭇진을 먹는다.

넓적사슴벌레

우리 나라에서 가장 크고, 전국에 흔한 사슴벌레다. 수컷은 몸이 작을수록 광택이 강하고, 클수록 광택이 약하다. 크기 차이에 따라 큰턱의 생김새도 천차만별이다. 5월 말부터 넓은잎나무 나뭇진에 모이고, 불빛에도 잘 날아든다.

사슴벌레과

크기 암컷
 28.6~43.5mm,
 수컷 26~84mm
나타나는 때 5~9월
겨울나기 애벌레,
 어른벌레

o 둥근 번데기 방 속의 꼬마넓적사슴벌레.

꼬마넓적사슴벌레

남부 지방의 섬에서 주로 관찰된다. 우리 나라 사슴벌레 중 유일하게 애벌레가 소나무를 먹는다. 어른벌레는 참나무 나뭇진을 먹는다. 애벌레는 썩은 소나무의 뿌리 주변에서 보이고, 가끔 수분이 많고 심하게 썩은 넓은잎나무에서도 발견된다. 딱지날개에 굵은 줄이 파였다.

사슴벌레과

크기 암컷 14~27mm,
 수컷 13.3~33mm
나타나는 때 7~8월
겨울나기 애벌레,
 어른벌레

o 썩은 참나무 종류의 껍질 아래에서 어른벌레와 애벌레가 보인다.

사슴벌레붙이과

크기 18~23mm
나타나는 때 5~8월
겨울나기 어른벌레

사슴벌레붙이

경기도 일부 지역에서 관찰된다. 몸은 납작하고, 광택이 강한 검은색이다. 썩은 넓은잎나무의 껍질 아래에서 애벌레와 어른벌레가 모두 보인다. 잡으면 '끼익끼익' 소리를 낸다.

○ 몸빛이 화려하고, 숲 속 동물의 배설물에 잘 날아온다.

보라금풍뎅이

전국의 야산부터 높은 산까지 관찰된다. 광택이 나는 둥근 몸에 녹색과 청색, 보라색이 섞여 화려하다. 낮에 탁 트인 등산로 주변에서 날아다니는 모습이 보이고, 사람이나 동물의 똥을 먹는다.

금풍뎅이과

크기 16~22mm
나타나는 때 3~11월
겨울나기 어른벌레

o 소똥에서 찾은 큰점박이똥풍뎅이.

소똥구리과

크기 11~13mm
나타나는 때 5~10월
겨울나기 어른벌레

큰점박이똥풍뎅이

소나 말 목장에서 관찰된다. 몸은 긴 타원형이고, 노란 딱지날개에 크고 검은 점이 한 쌍 있다. 수컷은 머리에 조그만 뿔이 있고, 소나 말의 똥을 뒤집으면 볼 수 있다.

o 동물의 똥에 날아온 긴다리소똥구리.

긴다리소똥구리

희귀한 종으로 요즘은 강원도 일부 지역에서 관찰된다. 산지에 사는 육식 동물의 똥에 날아와 머리 부분을 이용해 적당한 크기로 잘라서 길게 발달한 뒷다리로 굴려 집에 가져간 다음, 그걸 먹기도 하고 그 속에 알을 낳는다. 애벌레는 그 똥을 먹고 자란다.

소똥구리과

크기 9~11mm
나타나는 때 4~9월
겨울나기 어른벌레

o 소똥에 날아온 수컷. 긴 뿔이 눈에 띈다.

소똥구리과

크기 18~28mm
나타나는 때 6~10월
겨울나기 어른벌레

뿔소똥구리

소나 말 목장에서 관찰된다. 몸이 둥글고 두꺼우며, 광택이 강하지 않은 검은색이다. 수컷은 머리에 긴 뿔이 솟았고, 가슴에도 양쪽으로 돌기가 있다. 소나 말의 똥 아래 굴을 파고 그 똥을 먹고 산다.

o 소똥에서 찾은 수컷. 광택이 강해서 반짝인다.

애기뿔소똥구리

뿔소똥구리와 거의 같은 곳에서 관찰되나, 그보다 흔하다. 몸이 검고 광택이 강하다. 수컷은 머리와 가슴에 뿔과 돌기가 발달했다. 현재 멸종 위기종 2급으로 지정·보호된다. 불빛에도 잘 날아온다.

소똥구리과

크기 14~17mm
나타나는 때 4~10월
겨울나기 어른벌레

o 뒤로 휘듯 뻗은 뿔이 멋지다.

소똥구리과

크기 7~10mm
나타나는 때 6~10월
겨울나기 어른벌레

창뿔소똥구리

소나 말 목장에서 관찰된다. 수컷은 머리에 뿔이 있는데, 가슴 쪽으로 휘었다. 몸은 납작하고, 소나 말의 똥을 뒤집으면 그 속에 있거나 구멍을 파면 보인다. 애벌레와 어른벌레 모두 똥을 먹는다.

o 소똥 속에서 찾았다.

렌지똥풍뎅이

도심의 야산부터 높은 산지까지 관찰된다. 잡식 동물이나 초식 동물 등 다양한 똥에 날아오고, 동물의 사체에서도 보인다. 검은색 몸은 광택이 거의 없다. 가슴 양쪽이 조그맣게 튀어나왔다.

소똥구리과

크기 7~11mm
나타나는 때 3~10월
겨울나기 어른벌레

o 소똥을 먹는다.

소똥구리과

크기 7~11mm
나타나는 때 3~10월
겨울나기 어른벌레

소요산똥풍뎅이

소나 말 목장에서 관찰된다. 머리와 가슴은 검은색이고, 딱지날개는 황갈색에 검은 무늬가 대칭을 이룬다. 수컷은 가슴에 작고 뾰족한 돌기가 있다. 어른벌레와 애벌레 모두 소나 말 등 초식 동물의 배설물을 먹는다.

o 먹이를 찾아 날아다니다가 땅에 떨어졌다.

모가슴소똥풍뎅이

전국의 낮은 산지부터 흔하게 관찰된다. 가슴 가운데가 볼록 튀어나왔다. 초식 동물이나 육식 동물 가리지 않고 모든 배설물에 잘 날아와 그것을 먹는다.

소똥구리과

크기 7~11mm
나타나는 때 3~10월
겨울나기 어른벌레

◦ 불빛에 날아왔다. 몸에 광택이 난다.

소똥구리과

크기 16~21mm
나타나는 때 3~10월
겨울나기 어른벌레

참검정풍뎅이

전국의 잔디밭이나 풀밭에서 많이 관찰된다. 몸이 길고 뚱뚱하며, 광택이 나는 검은색이다. 다리는 몸에 비해 가늘고 부실하다. 애벌레는 다양한 식물의 뿌리를 갉아 먹고, 어른벌레는 불빛에 잘 날아온다.

o 몸이 짧고 고운 털로 덮였다.

큰검정풍뎅이

잔디가 많은 곳이나 풀밭 주변에서 관찰된다. 생김새나 생태가 참검정풍뎅이와 아주 비슷하다. 몸은 갈색이나 검은색을 띠고, 잔털로 덮여 광택이 없다. 어른벌레는 다양한 식물을 갉아 먹고, 애벌레는 뿌리를 갉아 먹는다. 불빛에 잘 날아온다.

소똥구리과

크기 17~21mm
나타나는 때 4~9월
겨울나기 어른벌레

○ 부채처럼 펼쳐진 더듬이가 눈에 띄는 수컷.(위)
○ 더듬이가 조그만 암컷.(아래)

소똥구리과

크기 33~37mm
나타나는 때 5~8월
겨울나기 애벌레

수염풍뎅이

강과 시냇가의 풀밭에서 관찰된다. 수컷은 더듬이가 크고, 넓적한 수염이 일곱 겹 있다. 몸은 적갈색이며, 딱지날개에 흰 가루가 점처럼 퍼져 있다. 6월 중순부터 활발히 활동하고, 불빛에 잘 날아온다. 멸종 위기종 1급으로 지정·보호된다.

o 밤나무 잎을 갉아 먹는 수컷.

왕풍뎅이

전국의 낮은 산지부터 관찰된다. 몸에 황갈색 잔털이 빽빽한데, 이 털이 다 빠지면 광택이 나는 적갈색이다. 수컷은 더듬이가 크고 부채처럼 넓으며, 암컷은 작다. 어른벌레는 넓은잎나무의 잎을 갉아 먹고, 불빛에 잘 날아온다.

소똥구리과

크기 26~33mm
나타나는 때 6~8월
겨울나기 애벌레

o 넓은잎나무의 잎 뒷면에 붙어 잎을 갉아 먹는다.

소똥구리과

크기 9~14mm
나타나는 때 5~9월
겨울나기 애벌레, 어른벌레

주둥무늬차색풍뎅이

전국의 낮은 산지나 넓은잎나무가 있는 도심의 공원에서 관찰된다. 몸은 납작한 타원형이고, 황갈색 털이 덮였다. 넓은잎나무의 잎이 크게 자라는 5월 말부터 밤나무, 참나무 종류의 잎을 갉아 먹는다.

o 낮이면 꽃에 날아와 꽃가루를 먹는다.

참콩풍뎅이

전국의 도심부터 낮은 산지까지 관찰된다. 둥글납작한 청람색 몸은 광택이 강하다. 딱지날개에 붉은 무늬가 있는 개체도 있다. 도심에서는 무궁화 꽃에 잘 날아오고, 산지에서는 다양한 들꽃의 꽃가루를 먹는다.

소똥구리과

크기 10~15mm
나타나는 때 5~10월
겨울나기 어른벌레

o 딱지날개에 반짝이는 줄무늬가 있다.

소똥구리과

크기 18~20mm
나타나는 때 6~9월
겨울나기 애벌레

금줄풍뎅이

전국의 산지에서 주로 관찰된다. 몸은 녹색이나 적색이고, 배 쪽에 털이 많다. 딱지날개는 곰보처럼 파인 부분이 반짝거리며, 광택이 나는 세로줄이 있다. 산지의 불빛에 잘 날아온다.

○ 광택이 강하다.

풍뎅이

전국의 강과 시냇가에서 관찰된다. 몸은 광택이 강한 녹색이다. 낮에는 넓은잎나무에 앉아 있는 모습이 자주 눈에 띈다. 쌍으로 붙어 있는 모습이 잘 보이고, 사는 곳에서는 개체 수가 유난히 많다. 불빛에도 잘 날아온다.

소똥구리과

크기 15~21mm
나타나는 때 4~11월
겨울나기 애벌레

o 불빛을 보고 날아와 짝을 만났다.

소똥구리과

크기 8~13mm
나타나는 때 3~11월
겨울나기 어른벌레

등얼룩풍뎅이

전국의 도심부터 낮은 산지까지 관찰된다. 몸 전체가 검은 개체부터 딱지날개에 얼룩이 있는 개체까지 변이가 다양하다. 5~6월이면 도심의 편의점이나 공원의 불빛에서도 볼 수 있다.

o 참나무 숲에서 만난 장수풍뎅이.

장수풍뎅이

제주도, 경상도, 전라도 등 남부 지방에서 보이다가 요즘은 전국의 낮은 산지에서 관찰된다. 수컷은 머리와 가슴에 큰 뿔이 발달했다. 애벌레는 썩은 낙엽이 쌓인 곳이나 썩은 나무 아래에서 이것을 먹고, 어른벌레는 나뭇진을 먹는다. 불빛에 잘 날아들고, 애완 곤충으로 많이 키운다.

소똥구리과

크기 30~83mm
나타나는 때 7~9월
겨울나기 애벌레

o 썩은 참나무 종류에서 짝짓기 한다.

소똥구리과

크기 20~24mm
나타나는 때 6~9월
겨울나기 어른벌레

외뿔장수풍뎅이

전국의 낮은 산지부터 관찰된다. 몸은 광택이 나는 검은색이다. 수컷은 머리에 조그만 뿔이 있고, 가슴이 움푹 파였다. 애벌레는 썩은 넓은잎나무를 파먹고, 어른벌레는 나뭇진이나 곤충의 체액을 먹는다.

o 참나무 종류 줄기에서 만난 수컷.

참넓적꽃무지

전국의 낮은 산지부터 관찰된다. 머리가 작고, 가슴부터 서서히 넓어진다. 딱지날개는 각이 지듯 평평하며, 회백색 가루로 덮였다. 암컷은 몸빛이 어두운 편이며, 배 끝에 딱딱하고 뾰족한 산란관(알을 낳는 기관)이 있다. 참나무 종류 새순이나 봄꽃에 날아온다.

소똥구리과

크기 8~9mm
나타나는 때 3~5월
겨울나기 어른벌레

o 꽃을 좋아하는 호랑꽃무지.

소똥구리과

크기 8~13mm
나타나는 때 4~11월
겨울나기 애벌레

호랑꽃무지

전국의 낮은 산지부터 관찰된다. 몸에 털이 많고, 생김새가 꿀벌과 닮았다. 날아다니는 모습도 꿀벌과 비슷한데, 천적에게서 보호하기 위함이다. 봄부터 산에 피는 다양한 들꽃에 날아와 꽃가루를 먹는다. 엉겅퀴, 까치수영에 잘 날아온다.

o 딱지날개가 울퉁불퉁하다.

큰자색호랑꽃무지

강원도와 경상북도 높은 산지에서 관찰된다. 몸이 검은색에 가까운 자줏빛이고, 광택이 난다. 딱지날개가 울퉁불퉁하고, 만지면 몸에서 사향 냄새가 난다. 밤에는 산지의 불빛에도 날아온다. 멸종 위기종 2급으로 지정·보호된다.

소똥구리과

크기 22~35mm
나타나는 때 7~8월
겨울나기 애벌레

o 긴 앞다리로 암컷을 안고 짝짓기 한다.(위)
o 위험을 느끼면 긴 앞다리를 들고 위협한다.(아래)

소똥구리과

크기 21~35mm
나타나는 때 5~7월
겨울나기 어른벌레

사슴풍뎅이

전국의 낮은 산지부터 관찰된다. 이름에 '풍뎅이'가 들어가지만, 꽃무지 종류다. 수컷은 머리에 양쪽으로 갈라진 뿔이 있고, 몸에 회백색 가루가 덮였으며, 앞다리가 길다. 암컷은 뿔이 없고, 몸이 적갈색이나 흑갈색이다. 봄부터 넓은잎나무에 날아와 나뭇진을 먹는다.

o 참나무 나뭇진에 머리를 박고 먹는다.

풍이

전국의 낮은 산지부터 관찰된다. 몸은 납작하고 광택이 강하며, 구릿빛부터 녹색, 청색까지 다양하다. 참나무 종류의 나뭇진이나 썩은 과일 등을 좋아한다. 시큼한 향기에 이끌려 도심의 음식물 쓰레기에 날아올 때도 있다.

소똥구리과

크기 25~33mm
나타나는 때 5~9월
겨울나기 애벌레

o 딱지날개에 흰 점 무늬가 퍼져 있다.

소똥구리과

크기 17~22mm
나타나는 때 5~9월
겨울나기 애벌레

흰점박이꽃무지

전국의 낮은 산지부터 관찰된다. 몸은 납작하고, 딱지날개는 거칠고 광택이 나며, 흰 점 무늬가 불규칙하게 퍼져 있다. 낮에 기온이 오르면 '붕붕' 소리를 내고 빠르게 날아다니며 나뭇진을 찾는다. 애벌레는 두엄이나 퇴비가 쌓인 곳에 있다.

o 쥐똥나무 꽃에 날아온 검정꽃무지.

검정꽃무지

전국의 야산이나 산지에서 관찰된다. 몸은 검은색이며, 잔털로 덮여 벨벳 같은 느낌이다. 딱지날개에는 노란 무늬가 대칭을 이룬다. 어른벌레는 다양한 들꽃에 날아와 꽃가루를 먹는다.

소똥구리과

크기 11~14mm
나타나는 때 4~10월
겨울나기 어른벌레

o 개망초에 날아와 꽃가루를 먹는다.

풀색꽃무지

소똥구리과

크기 10~14mm
나타나는 때 4~10월
겨울나기 애벌레

전국의 야산이나 산지에서 관찰된다. 몸빛은 녹색부터 적갈색까지 다양하다. 개체 수가 매우 많고, 봄에 들꽃이 핀 곳이면 어디에서나 보일 정도로 흔하다.

o 돌 밑이나 땅바닥에서 관찰된다.

홀쭉꽃무지

낮은 산지부터 관찰된다. 몸은 길쭉하고 납작한 직사각형이며, 광택이 약한 검은색이다. 딱지날개에는 갈색 무늬가 조금씩 있다. 다른 꽃무지와 달리 산길의 땅이나 돌 밑에서 보인다. 죽은 척을 잘하고, 아직까지 생태가 많이 밝혀지지 않았다.

소똥구리과

크기 15~17mm
나타나는 때 5~6월
겨울나기 알려지지 않음

o 붉은 테두리가 있고 반짝이는 금테비단벌레.

비단벌레과

크기 8~13mm
나타나는 때 5~6월
겨울나기 애벌레

금테비단벌레

낮은 산지부터 관찰된다. 몸은 광택이 나는 녹색이며, 가슴부터 딱지날개 끝까지 붉은 테두리가 있다. 느릅나무 잎이 커지기 시작하는 5월 말부터 많이 보이고, 베어 낸 넓은잎나무에도 잘 날아온다.

o 죽은 소나무에 날아와 알 낳을 곳을 찾는다.

고려비단벌레

전국의 바늘잎나무 숲에서 관찰된다. 타원형 몸은 광택이 나는 구릿빛이다. 딱지날개에는 세로줄이 얕게 파였다. 어른벌레는 반쯤 죽거나 잘린 소나무에 날아와 짝짓기 하고 알을 낳는다. 애벌레는 부드럽게 썩은 소나무를 파먹는다.

비단벌레과

크기 11~22mm
나타나는 때 6~9월
겨울나기 애벌레

o 잘린 소나무 밑동에 날아온 소나무비단벌레.(위)
o 썩은 소나무를 파먹는 애벌레.(아래)

비단벌레과

크기 24~40mm
나타나는 때 5~8월
겨울나기 애벌레, 어른벌레

소나무비단벌레

남부 지방의 소나무 숲에서 주로 관찰된다. 몸은 구릿빛을 띠고 금색 가루로 덮였으며, 머리부터 딱지날개까지 굵고 불규칙한 홈이 있다. 어른벌레는 잘린 소나무 밑동에 잘 날아온다. 애벌레는 부드럽게 썩은 소나무를 파먹으며 그 속에서 겨울을 난다. 가끔 어른벌레로 겨울을 나는 개체도 있다.

○ 나뭇잎에 앉아 쉰다.

비단벌레

전라남도의 바닷가나 오래 된 절터에서 관찰된다. 몸은 광택이 나는 녹색이며, 가슴부터 배까지 빨간 세로 줄 무늬가 있다. 어른벌레는 넓은잎나무의 고목에서 보이고, 애벌레는 이 나무들의 썩은 나무를 파먹는다. 해가 쨍쨍한 날 나무 꼭대기에서 잘 날아다니며, 천연기념물 496호로 지정되었다.

비단벌레과

크기 30~40mm
나타나는 때 7~8월
겨울나기 애벌레

o 칡잎에서 쉽게 볼 수 있다.

비단벌레과

크기 6.5~8mm
나타나는 때 7~8월
겨울나기 애벌레

황녹색호리비단벌레

전국의 낮은 산지부터 관찰된다. 몸은 녹색이며, 딱지날개 아랫부분은 구릿빛이 돈다. 딱지날개끼리 닿는 부분 아래쪽에 검은색과 흰색 무늬가 있으나, 그 크기는 개체에 따라 다르다. 어른벌레는 넓은 칡잎에 앉은 모습이 자주 보이며, 그 잎을 갉아 먹는다.

o 부드러운 팽나무 잎을 갉아 먹는다.

모무늬비단벌레

주로 남부 지방 낮은 산지부터 관찰된다. 몸은 적갈색이고 길쭉하다. 어른벌레는 팽나무 잎을 갉아 먹고, 애벌레는 썩은 팽나무를 파먹는다. 팽나무나 느티나무의 일어난 나무껍질 아래에서 어른벌레로 겨울을 난다.

비단벌레과

크기 5.2~10.2mm
나타나는 때 4~9월
겨울나기 어른벌레

◦ 몸이 짤막하고 특이하게 생겼다.

비단벌레과

크기 3~4mm
나타나는 때 4~10월
겨울나기 어른벌레

얼룩무늬좀비단벌레

전국의 낮은 산지부터 관찰된다. 몸이 짧고 뭉툭하며, 다양한 색이 섞여 얼룩덜룩하다. 머리는 가운데가 오목하다. 참나무 종류 잎이 나기 시작하면 잎 윗면에서 보인다.

o 이른 봄부터 버드나무에서 관찰된다.

버드나무좀비단벌레

전국의 낮은 산지나 물가 주변의 버드나무에서 관찰된다. 몸은 광택이 나는 푸른빛이고, 딱지날개에는 흰 물결 무늬가 희미하다. 어른벌레는 버드나무 잎이 자라기 시작할 때부터 나무에 날아온다.

비단벌레과

크기 3~4mm
나타나는 때 4~10월
겨울나기 어른벌레

o 불빛에 잘 날아온다.

방아벌레과

크기 22~27mm
나타나는 때 5~8월
겨울나기 어른벌레

왕빗살방아벌레

전국의 낮은 산지부터 흔히 관찰된다. 우리 나라 방아벌레 중 큰 종류에 속한다. 적갈색 몸에 흰 가루가 덮여 얼룩덜룩한데, 이 가루는 만지면 잘 벗겨진다. 낮에는 보기 힘들고, 밤이면 불빛에 많이 날아든다.

o 붉은색이라 숲 속에서 눈에 잘 띈다.

대유동방아벌레

낮은 산지부터 높은 산지까지 고루 관찰된다. 더듬이와 눈을 제외하고 모두 광택이 없는 붉은색이다. 개체마다 붉은색이 조금씩 다르다. 봄에 산길이나 탁 트인 곳에서 날아다니는 모습이 자주 보인다.

방아벌레과

크기 15~16mm
나타나는 때 4~6월
겨울나기 애벌레

○ 죽은 소나무에 날아온 맵시방아벌레.

방아벌레과

크기 22~30mm
나타나는 때 5~8월
겨울나기 애벌레,
　　　　　어른벌레

맵시방아벌레

남부 지방의 소나무 숲에서 주로 관찰된다. 몸에 벨벳이 덮인 듯한 얼룩무늬가 있고, 잘린 소나무에 날아온다. 애벌레는 부드럽게 썩은 소나무 속에서 육식을 한다. 어른벌레는 소나무 껍질 아랫부분에서, 애벌레는 나무 속에서 겨울을 난다.

o 나무껍질과 몸빛이 비슷하다.

큰무늬맵시방아벌레

남부 지방의 바닷가나 고목이 많은 절터에서 관찰된다. 몸은 회백색 가루로 덮였고, 딱지날개 중간에 바깥쪽으로 반달 무늬가 있다. 어른벌레는 반쯤 죽은 서어나무에 잘 날아오고, 애벌레는 썩은 서어나무 속에서 보인다.

방아벌레과

크기 29~30mm
나타나는 때 7~8월
겨울나기 애벌레

o 참나무 껍질 아래에서 어른벌레로 겨울을 난다.

방아벌레과

크기 10~12mm
나타나는 때 4~7월
겨울나기 어른벌레

진홍색방아벌레

전국의 낮은 산지부터 관찰된다. 머리와 가슴은 광택이 나는 검은색이다. 딱지날개는 밝은 빨간색이고, 굵은 세로줄이 파였다. 참나무 숲에서 많이 보이고, 낮에는 숲 속을 날아다니며 썩은 참나무 종류에 온다. 겨울에 참나무 종류의 껍질을 벗기거나 부수면 어른벌레로 겨울 나는 모습을 볼 수 있다.

○ 크고 둥근 눈이 튀어나온 수컷.

파파리반딧불이

전국의 낮은 산지에서 주로 관찰된다. 가슴은 주황색이고, 머리와 딱지날개는 검은색이다. 수컷은 크고 둥근 눈이 튀어나왔으며, 암컷은 조그맣다. 초저녁 어두워질 때나 새벽 해가 뜰 때 날아다니며 빛을 낸다.

반딧불이과

크기 10~14mm
나타나는 때 5~7월
겨울나기 애벌레

o 앞가슴등판에 검은 줄무늬가 있다.

애반딧불이

반딧불이과

크기 7~10mm
나타나는 때 5~7월
겨울나기 애벌레

계곡이 있는 낮은 산지나 시골의 논 주변에서 관찰된다. 우리 나라 반딧불이 중에 가장 작다. 파파리반딧불이와 매우 비슷하나, 앞가슴등판에 있는 검은 무늬로 구별된다. 애벌레는 물 속에서 다슬기를 잡아먹으며 자란다.

o 짝짓기 중인 늦반딧불이. 암컷과 수컷의 생김새가 다르다.

늦반딧불이

전국의 낮은 산지부터 관찰된다. 우리 나라 반딧불이 중에 가장 크고, 가장 늦게 나타난다. 위에서는 눈이 보이지 않는다. 수컷은 날개가 있어 빛을 내며 날아다니지만, 암컷은 날개가 퇴화되어 날지 못한다. 애벌레는 땅 위에서 돌아다니며 달팽이를 주로 잡아먹는다.

반딧불이과

크기 15~18mm
나타나는 때 7~9월
겨울나기 애벌레

o 먹이를 찾아 여기저기 돌아다닌다.

병대벌레과

크기 9~11mm
나타나는 때 5~6월
겨울나기 애벌레

회황색병대벌레

전국의 낮은 산지부터 관찰된다. 몸은 주황색이고, 가슴에 검은 세로줄 무늬가 있다. 넓은잎나무의 잎 뒷면에서 자주 보인다. 넓은잎나무에 사는 진딧물이나 작은 곤충을 잡아먹는다.

o 짝짓기 중이다.

서울병대벌레

낮은 산지의 트인 풀밭에서 주로 관찰된다. 머리와 가슴은 주황색이고, 딱지날개끼리 닿는 부분과 테두리가 노랗다. 노란 무늬는 개체마다 다르다. 낮에 풀밭에서 활발히 날아다니며 진딧물 등을 잡아먹는다.

병대벌레과

크기 10~13mm
나타나는 때 5~6월
겨울나기 애벌레

○ 죽은 넓은잎나무에서 만난 얼러지쌀도적.

쌀도적과

크기 10~13mm
나타나는 때 5~8월
겨울나기 어른벌레

얼러지쌀도적

전국의 낮은 산지부터 관찰된다. 반쯤 죽거나 잘린 나무에서 볼 수 있다. 몸이 납작하고, 회색과 검은색이 섞여 얼룩덜룩하다. 5월부터 활동하며, 나무껍질 아래에서 어른벌레로 겨울을 난다.

○ 애청삼나무하늘소를 잡아먹는 참개미붙이.

참개미붙이

전국의 낮은 산지부터 관찰된다. 몸은 검은색이고, 딱지날개에 빨간색과 흰색 무늬가 있다. 다리는 긴 털로 덮였으며, 행동이 재빠르고 잘 날아다닌다. 반쯤 죽거나 베어 낸 나무에 날아와 주변에 있는 곤충들을 잡아먹는다.

개미붙이과

크기 7~10mm
나타나는 때 4~8월
겨울나기 알려지지 않음

o 큰턱이 비대칭이다.

밑빠진벌레과

크기 7~14mm
나타나는 때 5~10월
겨울나기 애벌레

네눈박이밑빠진벌레

전국의 참나무 숲에서 관찰된다. 몸은 검은색이며, 딱지날개에 빨간 무늬 두 쌍이 대칭을 이룬다. 사슴벌레 종류의 암컷처럼 턱이 발달했다. 참나무 종류의 나뭇진이 흐르는 곳에서 보이고, 나뭇진이 흐르는 나무의 구멍이나 껍질 사이에 숨어 있다.

o 참나무 종류의 나뭇진에서 밤낮으로 볼 수 있다.

고려나무쑤시기

전국의 참나무 숲에서 관찰된다. 몸이 길고 납작하며, 반짝거리는 구릿빛이다. 딱지날개에는 돌기가 퍼져 있어 울퉁불퉁하고, 깨알 모양 노란 점이 뚜렷하다. 참나무 종류 나뭇진이 있는 곳에서 잘 보이고, 나뭇진이 흐르는 껍질 사이에 숨어 있다.

나무쑤시기과

크기 12~16mm
나타나는 때 4~10월
겨울나기 어른벌레

o 머리가 크고 납작하다.

머리대장과

크기 10~15mm
나타나는 때 4~8월
겨울나기 애벌레,
　　　　　　어른벌레

머리대장

낮은 산지부터 관찰된다. 머리가 크고 턱이 발달했다. 몸이 매우 납작하고, 전체적으로 빨간색이다. 바늘잎나무를 베어 낸 곳에 가면 날아오는 모습을 볼 수 있다. 몸이 납작해서 나무껍질 틈에 숨기 좋다.

o 죽은 나무에 핀 버섯을 먹는다.

고오람왕버섯벌레

전국의 낮은 산지부터 관찰되며, 나무에 핀 버섯 종류에서 볼 수 있다. 검은색 몸이 길쭉하고 둥글다. 딱지날개에는 빨간 무늬가 대칭을 이룬다. 애벌레와 어른벌레 모두 버섯을 먹는다. 어른벌레는 죽은 나무껍질 아래에서 겨울을 난다.

버섯벌레과

크기 9~13mm
나타나는 때 4~10월
겨울나기 어른벌레

o 버드나무에서 주로 관찰된다.

무당벌레과

크기 8~13mm
나타나는 때 4~10월
겨울나기 어른벌레

남생이무당벌레

전국의 평지나 마을 주변, 낮은 산지의 버드나무에서 관찰된다. 우리 나라 무당벌레 중 가장 크다. 가슴 양쪽으로 흰 무늬가 있고, 딱지날개에도 빨간 무늬가 대칭을 이룬다. 버드나무잎벌레의 애벌레를 잡아먹고, 만지면 빨간 액체를 내뿜는다.

o 나뭇가지에 붙어 쉰다.

달무리무당벌레

전국의 낮은 산지부터 관찰된다. 가슴은 흰색에 검은 점 무늬가 있고, 딱지날개는 적갈색에 흰 점 무늬가 있다. 이른 봄부터 주로 소나무에서 보인다. 소나무에 있는 진딧물을 잡아먹는다.

무당벌레과

크기 7~9mm
나타나는 때 4~6월
겨울나기 어른벌레

o 개망초 꽃에 날아온 칠성무당벌레.

무당벌레과

크기 5~8.5mm
나타나는 때 3~11월
겨울나기 어른벌레

칠성무당벌레

이른 봄부터 도심 주변의 풀밭이나 낮은 산지에서 관찰된다. 머리와 가슴이 검고, 딱지날개는 짙은 빨간색이다. 애벌레와 어른벌레 모두 풀에 붙은 진딧물을 잡아먹는다. 알에서 어른벌레가 되기까지 2~3주밖에 걸리지 않는다.

○ 나뭇잎에 앉은 무당벌레.

무당벌레

전국의 도심부터 낮은 산지까지 흔히 관찰된다. 점박이 무늬, 붉은색, 검은색 등 변이가 다양하다. 도심의 가로수 중 느티나무 종류에서 많이 보이고, 애벌레와 어른벌레 모두 사는 곳에 있는 진딧물을 잡아먹는다. 도심의 건물 내부에서 겨울을 나기도 한다.

무당벌레과

크기 5~8mm
나타나는 때 3~11월
겨울나기 어른벌레

o 축축한 땅 위를 돌아다닌다.

거저리과

크기 7~9mm
나타나는 때 3~9월
겨울나기 어른벌레

제주거저리

도심의 공원 주변부터 낮은 산지까지 흔히 관찰된다. 몸은 흑남색을 띠고, 딱지날개에 희미한 세로줄이 있다. 낮에는 돌이나 나뭇잎 아래 숨었다가 밤이면 활발히 움직인다. 공원 가로등 불빛에서도 볼 수 있다.

o 가운뎃다리가 유난히 길다.

산맴돌이거저리

전국의 낮은 산지부터 관찰된다. 몸은 광택이 없는 검은색이며, 다리가 매우 길다. 어른벌레는 밤에 썩은 참나무 종류에서 주로 관찰되고, 애벌레는 썩은 참나무 종류 속을 파먹으며 자란다.

거저리과

크기 15~18mm
나타나는 때 5~9월
겨울나기 애벌레

ㅇ 바닷가 모래밭에서 만날 수 있다.

거저리과

크기 10~11mm
나타나는 때 4~10월
겨울나기 어른벌레

모래거저리

전국의 바닷가에서 주로 관찰된다. 넓적한 몸은 광택이 없는 검은색이다. 낮에도 가끔 보이나, 밤에 활발하게 움직인다. 짧은 다리로 기다 멈추다 하고, 위험을 느끼면 다리를 숨기고 죽은 척한다. 바닷가에 떠내려 온 나무나 쓰레기 더미를 치워 보면 여러 마리가 모여 있다.

o 모래와 비슷한 보호색을 띤다.

바닷가거저리

바닷가에서 관찰된다. 매우 작고, 모래와 비슷한 보호색을 띤다. 모래와 풀밭이 맞닿는 지점에서 풀 사이를 돌아다니는 모습을 볼 수 있다. 건드리면 죽은 척하거나 모래 속으로 파고든다.

거저리과

크기 3~5mm
나타나는 때 4~9월
겨울나기 어른벌레

o 수컷은 더듬이가 넓게 펼쳐졌다.

먹가뢰

가뢰과

크기 14~20mm
나타나는 때 5~7월
겨울나기 애벌레

낮은 산지에서 주로 관찰된다. 몸은 광택이 없는 검은색이고, 머리에 눈 뒤로 빨간 무늬가 있다. 개체나 지역에 따라 딱지날개 테두리에 흰 무늬가 발달한 것도 보인다. 수컷은 3~6번째 더듬이가 넓고, 암컷은 일자다. 고삼이나 칡 같은 식물에 무리지어 있을 때가 많다.

○ 녹색 몸이 반짝이는 청가뢰.

청가뢰

낮은 산지부터 관찰된다. 몸은 초록색이나 청색을 띠며, 머리와 가슴에 광택이 난다. 아까시나무, 등 같은 콩과 식물에 날아와 잎을 갉아 먹는다.

가뢰과

크기 18~20mm
나타나는 때 5~6월
겨울나기 애벌레

o 딱지날개가 배를 덮지 못한다.

가뢰과

크기 14~30mm
나타나는 때 3~6월
겨울나기 어른벌레

남가뢰

낮은 산지부터 관찰된다. 몸이 짙은 남색이며, 딱지날개가 짧다. 속날개가 없어 날지 못하고, 봄에 자라는 다양한 풀을 뜯어 먹는다. 수컷은 더듬이 가운데 부분이 바깥쪽으로 굽었고, 암컷은 일자다. 건드리면 죽은 척하며 다리 마디 사이에서 칸타리딘을 내뿜는다. 애벌레는 뒤영벌 종류에 기생한다고 알려졌다.

o 딱지날개에 점이 4개 있다. 들꽃에 잘 날아온다.

네눈박이가뢰

산지에서 주로 관찰된다. 머리와 가슴은 광택이 나는 검은색이며, 딱지날개는 빨간색이다. 딱지날개에 검은 점이 네 개 있다. 봄부터 산에 피는 들꽃에서 꽃가루를 먹는다. 불빛에 날아오기도 한다.

가뢰과

크기 9~12mm
나타나는 때 5~6월
겨울나기 알려지지 않음

o 둥글목남가뢰의 사체에 날아왔다.

홍날개

홍날개과

크기 7~10mm
나타나는 때 3~5월
겨울나기 애벌레

전국의 낮은 산지부터 관찰된다. 몸은 광택이 없는 빨간색이다. 이른 봄부터 보이고, 양지꽃에 잘 날아온다. 칸타리딘을 얻기 위해 남가뢰 종류의 몸에 붙어 다니기도 한다. 썩은 나무의 껍질 아래에서 애벌레 상태로 겨울을 난다.

o 수컷의 뒷다리 알통이 특징이다.

알통다리하늘소붙이

전국의 풀밭부터 산지까지 흔히 관찰된다. 가슴은 빨간색이고, 나머지는 청록색을 띤다. 이른 봄부터 활동하며, 풀밭에 낮게 자라는 양지꽃이나 민들레 등에 날아와 꽃가루를 먹는다. 수컷은 뒷다리 넓적다리마디가 알통처럼 굵다.

하늘소붙이과

크기 8~12mm
나타나는 때 4~6월
겨울나기 애벌레

o 다양한 꽃에 날아온다.

남색하늘소붙이

하늘소붙이과

크기 8~12mm
나타나는 때 4~6월
겨울나기 애벌레

전국의 풀밭부터 산지까지 관찰된다. 몸은 광택이 없고 검은빛이 도는 남색이다. 산에 피는 다양한 들꽃에 날아와 꽃가루를 먹는다. 암컷을 찾거나 할 때는 더듬이를 빠르게 돌리기도 한다.

o 짝짓기 중인 버들하늘소.

버들하늘소

전국의 낮은 산지부터 흔히 관찰된다. 밤이 되면 썩은 넓은잎나무에 붙어 있다. 수컷은 암컷보다 더듬이가 굵고, 암컷은 배에 산란관이 나와 있다. 애벌레는 썩은 참나무 종류나 오리나무에서 자주 보인다.

하늘소과
크기 30~55mm
나타나는 때 5~9월
겨울나기 애벌레

o 더듬이가 톱니 모양인 수컷.(위)
o 뚱뚱한 암컷.(아래)

하늘소과

크기 23~48mm
나타나는 때 5~9월
겨울나기 애벌레

톱하늘소

전국의 낮은 산지부터 관찰된다. 몸은 검은색이나 적갈색이다. 수컷은 더듬이가 굵고 톱날처럼 생겼다. 암컷은 더듬이가 일자고, 배가 뚱뚱하다. 매우 빠르게 기어다니며, 불빛에도 잘 날아온다.

○ 더듬이가 짧고 특이하다.

검정하늘소

전국의 낮은 산지부터 관찰된다. 몸은 둥글고 길쭉하며 검은색이다. 대다수 하늘소와 달리 더듬이가 짧다. 반쯤 죽은 소나무에 주로 날아오고, 불빛에도 잘 날아든다.

하늘소과
크기 12~25mm
나타나는 때 5~9월
겨울나기 애벌레

o 밤에 소나무에서 만난 한 쌍.

하늘소과

크기 12~27mm
나타나는 때 6~9월
겨울나기 애벌레

큰넓적하늘소

전국의 소나무 숲에서 관찰된다. 몸은 흑갈색이며, 딱지날개에 잔털이 덮였다. 어른벌레는 베어 낸 바늘잎나무에서 관찰되고, 불빛에도 잘 날아온다.

o 몸에 진드기가 잔뜩 붙은 소나무하늘소.

소나무하늘소

전국의 낮은 산지부터 관찰된다. 온몸이 얼룩덜룩한 갈색이며, 하늘소답지 않게 더듬이가 짧다. 어른벌레는 잘린 소나무에 잘 날아오고, 애벌레는 썩은 소나무 껍질 아래를 먹는다. 겨울에 죽은 소나무 껍질을 벗기면 어른벌레로 겨울 나는 개체들을 볼 수 있다.

하늘소과

크기 9~20mm
나타나는 때 4~7월
겨울나기 어른벌레

○ 죽은 나뭇가지에 날아온 청동하늘소.

하늘소과

크기 9~13mm
나타나는 때 5~7월
겨울나기 애벌레

청동하늘소

전국의 낮은 산지부터 관찰된다. 몸은 광택이 나는 구릿빛이나 적갈색을 띤다. 더듬이가 머리 가운데에서 두 갈래로 나와 앞으로 쭉 뻗었으며, 5월 말부터 많이 보인다. 베어 낸 넓은잎나무에 잘 날아온다.

○ 딱지날개에 세로줄 무늬가 있다.

줄각시하늘소

낮은 산지부터 관찰된다. 머리와 가슴이 검고, 딱지날개에 노란 줄무늬가 있다. 이 줄무늬는 개체마다 변이가 다양하다. 봄부터 피는 다양한 들꽃에 날아와 꽃가루를 먹는다. 짝짓기도 꽃 위에서 한다.

하늘소과

크기 8~13mm
나타나는 때 5~7월
겨울나기 애벌레

o 소나무 껍질 사이에 알을 낳는 암컷.

하늘소과

크기 12~22mm
나타나는 때 7~9월
겨울나기 애벌레

붉은산꽃하늘소

전국의 낮은 산지부터 관찰된다. 머리는 검고, 가슴과 딱지날개는 광택이 없는 빨간색이다. 더듬이는 톱니 모양이다. 한창 더운 7월부터 많이 보이고, 어른벌레는 다양한 꽃에 날아와 꽃가루를 먹는다. 애벌레는 썩은 소나무를 먹고 자란다.

o 나뭇잎에서 짝짓기 중이다.

긴알락꽃하늘소

전국의 낮은 산지나 풀밭에서 관찰된다. 몸은 가늘고, 딱지날개 끝으로 갈수록 얇아지는 형태다. 딱지날개에 노란 줄무늬가 있어 벌과 착각하는 경우가 많다. 어른벌레는 5월부터 산에 피는 다양한 들꽃에 날아와 꽃가루를 먹는다.

하늘소과

크기 12~18mm
나타나는 때 5~8월
겨울나기 애벌레

o 이동하다 잠깐 쉬는 열두점박이꽃하늘소.

하늘소과

크기 11~15mm
나타나는 때 6~8월
겨울나기 애벌레

열두점박이꽃하늘소

낮은 산지부터 관찰된다. 몸은 검은색이며, 딱지날개에 노란 무늬가 열두 개 있어서 붙은 이름이다. 이 무늬는 개체에 따라 차이가 난다. 6월부터 많이 활동하며, 산에 피는 다양한 꽃에 날아와 꽃가루를 먹는다.

o 뒷다리의 알통이 매력적인 수컷.

알통다리꽃하늘소

낮은 산지부터 관찰된다. 머리와 가슴은 검은색이고, 딱지날개는 빨간색에 검은 점 무늬가 있다. 수컷의 뒷다리 넓적다리마디가 알통처럼 부풀어서 붙은 이름이다. 어른벌레는 5월 말부터 활발히 움직이고, 다양한 들꽃에 날아와 꽃가루를 먹는다.

하늘소과
크기 11~17mm
나타나는 때 5~8월
겨울나기 애벌레

o 반쯤 죽은 자귀나무에 붙어 있다.

하늘소과

크기 13~35mm
나타나는 때 6~8월
겨울나기 애벌레

청줄하늘소

전국의 낮은 산지부터 관찰된다. 몸은 황갈색이고, 가슴 테두리와 딱지날개에 반짝이는 청록색 무늬가 있다. 수컷은 암컷보다 더듬이가 길고, 가운뎃다리가 유독 길고 굵다. 어른벌레는 해가 지면 반쯤 죽은 자귀나무에서 보이고, 애벌레는 죽은 자귀나무 속을 파먹고 자란다. 어른벌레는 불빛에도 잘 날아온다.

o 날아다니다 나뭇잎에 앉았다.

루리하늘소

산지에서 관찰된다. 몸은 가늘고 납작하며, 전체적으로 파스텔 톤 하늘색을 띤다. 가슴과 딱지날개에 있는 검은색 무늬가 굵고 진하다. 더듬이마디에도 검은 털 뭉치가 있다. 낮에 주로 활동하며, 사는 곳 주변에서 잘 날아다닌다. 먹이 식물은 산겨릅나무로 알려졌다.

하늘소과

크기 16~30mm
나타나는 때 7~9월
겨울나기 애벌레

○ 벚나무에 알을 낳으러 온 암컷.(위)
○ 벚나무에서 짝짓기 중이다.(아래)

하늘소과

크기 25~40mm
나타나는 때 6~8월
겨울나기 애벌레

벚나무사향하늘소

도심의 벚나무나 복숭아 밭에서 관찰된다. 몸은 광택이 나는 흑남색이며, 가슴은 짙은 빨간색이다. 어른벌레는 벚나무와 자두나무, 복사나무에서 보이고, 애벌레는 이 나무들의 속을 파먹고 자란다. 어른벌레를 만지면 사향 냄새가 나는 흰색 액체를 내뿜는다. 요즘에는 가로수로 심은 벚나무를 죽이는 해충이다.

o 뒷다리가 유난히 길다.

깔따구풀색하늘소

낮은 산지부터 관찰된다. 몸이 가늘고 길쭉하며, 녹색부터 적색까지 개체마다 변이가 다양하다. 뒷다리가 길게 발달한 것이 특징이다. 어른벌레는 흰 꽃에 날아와 꽃가루를 먹고, 베어 낸 참나무 종류에 날아와 알을 낳기도 한다.

하늘소과

크기 15~26mm
나타나는 때 5~8월
겨울나기 애벌레

◦ 죽은 향나무 껍질 아래에서 겨울을 나던 어른벌레.

하늘소과

크기 6~13mm
나타나는 때 4~7월
겨울나기 애벌레, 어른벌레

애청삼나무하늘소

전국의 낮은 산지부터 관찰된다. 몸이 납작하고, 암컷과 수컷의 몸빛이 다르다. 수컷은 딱지날개가 청람색이고, 암컷은 적갈색이다. 어른벌레는 이른 봄부터 반쯤 죽은 향나무에서 보인다. 애벌레는 향나무 속을 파먹고, 겨울에 죽은 향나무 껍질을 벗기면 어른벌레와 애벌레가 있다.

o 벌과 닮았다.

벌호랑하늘소

전국의 낮은 산지부터 관찰된다. 검은색 몸에 털이 많고, 벌을 연상케 하는 노란 줄무늬가 있다. 어른벌레는 베어 낸 참나무에 잘 날아온다. 손으로 잡으면 죽은 척 한다.

하늘소과

크기 8~19mm
나타나는 때 5~8월
겨울나기 애벌레

o 짝짓기 중이다.

먹주홍하늘소

하늘소과

크기 14~18mm
나타나는 때 5~6월
겨울나기 애벌레

낮은 산지부터 관찰된다. 몸은 광택이 없는 검은색이고, 딱지날개 어깨 부분과 테두리 쪽으로 빨간 무늬가 있다. 어른벌레는 5월 말 떡갈나무 잎이 넓어지기 시작하면서 많이 보이고, 여린 잎을 갉아 먹는다.

o 날씨가 흐려지자 나뭇잎에서 쉰다.

소주홍하늘소

낮은 산지부터 관찰된다. 머리와 가슴은 검은색이고, 딱지날개는 칙칙한 빨간색이다. 산에 꽃이 많이 피기 시작하는 5월 말부터 자주 보이고, 다양한 꽃에 날아와 꽃가루를 먹는다.

하늘소과
크기 14~19mm
나타나는 때 5~7월
겨울나기 애벌레

o 딱지날개의 중절모 무늬가 특이하다.

하늘소과

크기 17~23mm
나타나는 때 5~6월
겨울나기 어른벌레

모자주홍하늘소

낮은 산지부터 관찰된다. 몸은 빨간색이며, 딱지날개에 중절모 무늬가 있어서 붙은 이름이다. 딱지날개 중절모 무늬 위의 점이 없는 개체도 있다. 꽃에 날아오기도 하고, 떡갈나무 여린 잎을 갉아 먹는 모습도 볼 수 있다.

o 죽은 대나무 속에서 겨울을 난다.

주홍하늘소

남쪽 지방의 대나무 숲에서 관찰된다. 몸은 빨간색이며, 가슴에 검은 점 무늬가 있다. 어른벌레는 꽃에 날아오고, 애벌레는 대나무를 먹고 자란다. 겨울에 죽은 대나무를 부수면 마디 근처에서 애벌레와 어른벌레를 볼 수 있다.

하늘소과
크기 13~17mm **나타나는 때** 4~5월 **겨울나기** 애벌레, 　　　　　어른벌레

o 죽은 참나무 종류 가지에 붙어 있다.

하늘소과

크기 10~17mm
나타나는 때 4~7월
겨울나기 애벌레

깨다시하늘소

전국의 낮은 산지부터 관찰된다. 몸은 짧고 뚱뚱하며, 회색과 검은색이 섞여 얼룩덜룩해서 나무껍질에 붙어 있으면 보호색이 된다. 어른벌레는 베어 낸 넓은잎나무에서 자주 보인다. 위험을 느끼면 다리를 오므리면서 땅에 떨어진다.

o 더듬이 마디에 있는 털 뭉치가 특이하다.

남색초원하늘소

전국의 풀밭이나 낮은 산지부터 관찰된다. 몸은 금속성 있는 흑남색이다. 더듬이 두 번째 마디까지 검은 털 뭉치가 있다. 어른벌레는 개망초나 엉겅퀴 같은 들꽃에 잘 날아오고, 알도 개망초 줄기에 낳는다.

하늘소과

크기 11~17mm
나타나는 때 5~7월
겨울나기 애벌레

o 죽은 신이대 속에서 겨울을 나는 어른벌레.

하늘소과

크기 12~20mm
나타나는 때 4~6월
겨울나기 애벌레,
 어른벌레

짝지하늘소

전라도, 경상도 등 남쪽 지방에서 주로 관찰된다. 몸은 회백색 가루로 덮였으며, 딱지날개 끝이 양쪽으로 갈라졌다. 어른벌레는 손가락 굵기의 신이대에서 주로 보인다. 겨울에 죽은 신이대를 쪼개면 애벌레와 어른벌레가 있다.

o 먹이 식물인 두릅나무 줄기에서 관찰된다.

큰우단하늘소

전국의 낮은 산지나 두릅 밭에서 주로 관찰된다. 몸에 황갈색 잔털이 덮인 모양이 벨벳(우단) 같아서 붙은 이름이다. 어른벌레는 두릅나무와 팔손이에서 보이며, 애벌레는 이 나무들의 속을 파먹고 자란다.

하늘소과

크기 20~36mm
나타나는 때 6~8월
겨울나기 애벌레

o 양버즘나무에서 만난 알락하늘소.

하늘소과

크기 25~35mm
나타나는 때 6~8월
겨울나기 애벌레

알락하늘소

전국의 도심부터 낮은 산지까지 관찰된다. 몸은 광택이 나는 흑남색이고, 딱지날개에는 흰 점이 퍼져 있다. 도심의 가로수로 심은 양버즘나무에서 자주 보이고, 산에 가면 단풍나무 종류에 많다. 어른벌레는 이 나무들에 알을 낳고, 애벌레는 속을 파먹고 자란다.

o 알을 낳으려고 나무를 물어뜯은 암컷.

후박나무하늘소

전라도와 경상도 일부 지역에서 관찰된다. 몸은 빨간색 잔털로 덮였고, 딱지날개에 검은 점이 있다. 어른벌레는 후박나무의 줄기를 갉아 먹고, 애벌레는 후박나무 속을 파먹고 자란다.

하늘소과

크기 25~35mm
나타나는 때 5~7월
겨울나기 애벌레, 어른벌레

o 베어 낸 참나무에서 본 우리목하늘소.

하늘소과

크기 24~35mm
나타나는 때 6~10월
겨울나기 애벌레

우리목하늘소

전국의 낮은 산지부터 관찰된다. 몸은 회백색과 흑갈색이 섞여 얼룩덜룩하다. 수컷은 암컷에 비해 더듬이도 굵지만, 앞다리가 특히 굵고 길다. 낮과 밤 모두 보이고, 베어 낸 넓은잎나무에 많다.

o 베어 낸 소나무에서 쉽게 관찰된다.

북방수염하늘소

전국의 낮은 산지부터 관찰된다. 몸은 적갈색과 흑갈색 무늬가 섞여 얼룩덜룩하며, 소나무 껍질과 비슷하다. 낮과 밤 모두 관찰되지만, 밤에 더 활발하게 움직인다. 밤에 베어 낸 바늘잎나무에서 자주 볼 수 있다.

하늘소과
크기 17~23mm
나타나는 때 5~8월
겨울나기 애벌레

o 뽕나무를 먹고 사는 울도하늘소.

하늘소과

크기 14~30mm
나타나는 때 6~9월
겨울나기 애벌레

울도하늘소

울릉도에서 관찰되던 하늘소지만, 요즘은 전국의 다양한 곳에서 보인다. 몸에 회백색 잔털이 덮였고, 노란 무늬가 퍼져 있다. 어른벌레는 뽕나무, 무화과나무, 닥나무 등의 줄기를 갉아 먹고, 애벌레는 이 나무들 속을 파먹고 자란다. 멸종 위기종 2급으로 지정·보호되었으나, 지금은 아니다.

o 뽕나무 줄기를 갉아 먹는다.

뽕나무하늘소

뽕나무가 있는 곳이면 거의 살지만, 경상도와 전라도에 특히 많다. 몸은 황갈색 가루로 덮였다. 어른벌레는 뽕나무, 닥나무, 무화과나무의 줄기를 갉아 먹고, 애벌레는 이 나무들 속을 파먹고 자란다. 어른벌레는 불빛에 잘 날아온다.

하늘소과

크기 35~45mm
나타나는 때 6~8월
겨울나기 애벌레

o 알을 낳으려고 나무를 물어뜯은 자국이 보인다.

하늘소과

크기 45~52mm
나타나는 때 5~8월
겨울나기 애벌레, 어른벌레

참나무하늘소

전라도와 경상도에서 주로 관찰된다. 몸이 매우 크고, 회백색 가루가 덮였다. 옆면에는 눈부터 배까지 흰 줄이 이어진다. 딱지날개에 있는 노란 세로줄 무늬는 죽으면 흰색으로 변한다. 어른벌레는 다양한 넓은잎나무의 줄기를 갉아 먹고, 애벌레는 이 나무들 속을 파고 자란다.

○ 뽕잎 뒷면에 붙어서 갉아 먹는다.

점박이염소하늘소

전국의 낮은 산지에서 관찰된다. 몸에 덮인 흰 가루는 만지면 벗겨진다. 딱지날개에 검은 점이 여섯 개 있고, 더듬이가 몸 길이의 세 배가 넘을 정도로 길다. 어른벌레는 뽕나무 잎 뒷면에 붙어서 잎을 갉아 먹고, 애벌레는 이 나무 속을 파먹고 자란다.

하늘소과
크기 12~13mm
나타나는 때 6~8월
겨울나기 애벌레

ㅇ딱지날개의 털이 부드럽다.

하늘소과

크기 19~25mm
나타나는 때 5~9월
겨울나기 애벌레,
　　　　　 어른벌레

털두꺼비하늘소

전국의 낮은 산지부터 관찰된다. 몸은 검은색에 가깝고, 배 쪽에 붉은 얼룩무늬가 있다. 딱지날개 어깨 부분에 털 뭉치가 있다. 개체 수가 아주 많은 종으로, 넓은잎나무가 있는 곳이면 어디에서나 보인다.

o 두릅에서 관찰되며, 새똥처럼 보인다.

새똥하늘소

이른 봄부터 두릅나무가 있는 곳에서 관찰된다. 생김새가 새똥을 닮아 붙은 이름이다. 어른벌레는 만지면 죽은 척한다. 애벌레는 두릅나무 속을 파먹고 자란다.

하늘소과
크기 6~8mm
나타나는 때 3~5월
겨울나기 어른벌레

o 가슴에 있는 빨간 점이 특징이다.

하늘소과

크기 6~9mm
나타나는 때 4~6월
겨울나기 애벌레

국화하늘소

이른 봄부터 풀밭의 쑥에서 주로 관찰된다. 몸은 검은 색이고, 가슴에 빨간 점 무늬가 뚜렷하다. 낮에는 쑥이 많은 곳에서 활발히 날아다니고, 해가 지면 말린 쑥 사이에 몸을 숨기기도 한다.

o 생김새가 해바라기 씨와 닮았다.

삼하늘소

낮은 산지부터 관찰된다. 검은색에 흰 세로줄 무늬가 있는데, 해바라기 씨와 비슷하다. 어른벌레는 쑥의 잎맥을 갉아 먹고, 알도 쑥 줄기에 낳는다.

하늘소과	
크기	10~15mm
나타나는 때	5~7월
겨울나기	애벌레

o 모시풀 위에서 짝짓기 한다.

하늘소과

크기 8~17mm
나타나는 때 5~7월
겨울나기 애벌레

모시긴하늘소

남부 지방에서 주로 관찰된다. 몸은 검은색과 파스텔 톤 색상이 띠 무늬를 이루며, 가슴에는 검은 점이 두 개 있다. 시골의 모시풀 밭이나 무궁화가 있는 곳에서 보인다. 어른벌레는 모시풀이나 무궁화 줄기를 갉아 먹는다.

o 짝짓기 중이다.

고려긴가슴잎벌레

전국의 낮은 산지부터 관찰된다. 가슴은 진한 빨간색이고, 딱지날개는 흑남색을 띠며 광택이 강하다. 산에서 나는 마 줄기나 잎에서 볼 수 있다. 6월부터 마 잎을 갉아 먹는 모습이 눈에 띄며, 나무껍질 속에서 어른벌레로 겨울을 난다.

잎벌레과

크기 8~8.5mm
나타나는 때 6~8월
겨울나기 어른벌레

ㅇ 몸이 원통형이다.

넉점박이큰가슴잎벌레

잎벌레과

크기 8~11mm
나타나는 때 5~8월
겨울나기 알려지지 않음

전국의 낮은 산지부터 관찰된다. 몸은 길쭉한 원통형이고, 가슴은 검은색이며, 딱지날개는 주황색에 검은 점이 있다. 산에 있는 싸리 잎을 주로 갉아 먹는다.

o 나뭇잎에 앉아 쉰다.(위)
o 줄무늬가 있는 개체.(아래)

밤나무잎벌레

전국의 낮은 산지부터 관찰된다. 몸은 광택이 나는 주황색이다. 딱지날개에 검은 줄무늬가 있는 개체도 나타난다. 어른벌레는 주로 억새, 청미래덩굴에서 볼 수 있다.

잎벌레과

크기 4.8~5.5mm
나타나는 때 6~8월
겨울나기 알려지지 않음

◦ 두릅에 모여 있다.

잎벌레과

크기 2.8~3.3mm
나타나는 때 3~10월
겨울나기 어른벌레

두릅나무잎벌레

두릅나무가 있는 곳에서 관찰된다. 광택이 강한 몸은 둥글고 매우 작으며, 금빛이 도는 녹색이나 청람색이다. 이른 봄에 두릅나무 새순이 나기 시작하면 보이고, 무리지어 있는 모습도 눈에 띈다.

o 짝짓기 중이다.

중국청람색잎벌레

전국의 도심부터 낮은 산지까지 관찰된다. 몸은 타원형이고, 광택이 강한 청람색이다. 먹이 식물인 박주가리가 있는 곳이면 도심의 공원 주변에서도 자주 보인다. 사는 곳에서 매우 많은 개체들이 함께 발견된다.

잎벌레과

크기 11~23mm
나타나는 때 5~9월
겨울나기 애벌레

o 버드나무에서 볼 수 있다.

잎벌레과

크기 6.8~9mm
나타나는 때 4~6월
겨울나기 어른벌레

버들잎벌레

전국의 낮은 산지부터 관찰된다. 딱지날개에 검고 길쭉한 점이 있는 개체부터 딱지날개 전체가 검은 개체까지 변이가 다양하다. 몸빛은 주황색이나 노란색이다. 이른 봄부터 물가 주변 버드나무에서 어른벌레와 애벌레가 보인다.

o 잎 뒷면에서 짝짓기 중이다.

열점박이별잎벌레

전국의 낮은 산지부터 관찰된다. 우리 나라 잎벌레 중 큰 편이다. 몸은 광택이 나는 주황색이고, 딱지날개에 검은 점 무늬가 있다. 가슴과 딱지날개 테두리는 반투명하다. 어른벌레는 포도, 머루 등의 잎을 갉아 먹고 산다.

잎벌레과
크기 10~14mm
나타나는 때 5~9월
겨울나기 어른벌레

o 남생이와 비슷한 모양이다.

잎벌레과

크기 6.3~7.2mm
나타나는 때 4~7월
겨울나기 어른벌레

남생이잎벌레

전국의 풀밭에서 관찰된다. 생김새가 남생이를 닮아서 붙은 이름이다. 둥글납작한 몸은 녹색이나 갈색이다. 이른 봄부터 활동하며, 명아주 잎을 갉아 먹는다.

○ 테두리가 투명하다.

금자라남생이잎벌레

전국의 낮은 산지부터 관찰된다. 몸은 둥글납작하며, 딱지날개 가운데 부분을 중심으로 금색 무늬가 있다. 가슴과 딱지날개 테두리가 투명한 것이 특징이다. 어른벌레는 메꽃을 갉아 먹는다.

잎벌레과

크기 7~8.5mm
나타나는 때 5~8월
겨울나기 어른벌레

o 신나무 잎에서 많이 보인다.

거위벌레과

크기 5~7mm
나타나는 때 5~7월
겨울나기 어른벌레

뿔거위벌레

낮은 산지부터 관찰된다. 몸은 광택이 강한 녹색이다. 수컷의 가슴 양쪽으로 뾰족한 돌기가 있어서 붙은 이름이다. 숲 속에 있는 신나무에서 자주 보인다. 어른벌레는 신나무 잎을 2~3장 말아서 요람을 만들고, 그 안에 알을 낳는다.

o 개복숭아 열매에서 만났다.

어리복숭아거위벌레

전국의 낮은 산지부터 관찰된다. 몸은 광택이 나는 자줏빛이다. 복사나무, 살구나무, 개복숭아나무에 열매가 열리기 시작하면 어른벌레가 보인다. 어른벌레는 긴 주둥이로 이 열매들에 구멍을 내고 그 안에 알을 낳는다. 애벌레는 이 열매들을 먹고 자란다.

거위벌레과

크기 5~8mm
나타나는 때 5~6월
겨울나기 어른벌레

o 머리가 유난히 길어 거위를 닮았다.

거위벌레과

크기 8~12mm
나타나는 때 4~8월
겨울나기 어른벌레

왕거위벌레

전국의 낮은 산지부터 관찰된다. 목이 길쭉한 모양이 거위를 닮아서 붙은 이름이다. 수컷은 암컷보다 목이 길다. 참나무 종류의 잎이 커지기 시작하는 5월부터 많이 보인다. 어른벌레는 참나무 종류의 잎을 둥글게 말고, 그 속에 알을 낳는다.

o 뚫린 부분은 갉아 먹은 흔적이다.

등빨간거위벌레

전국의 낮은 산지부터 관찰된다. 머리와 가슴은 주황색이고, 딱지날개는 흑청색이다. 눈 사이에 검은 점이 있는 개체도 나타난다. 어른벌레는 느릅나무, 뽕나무에서 많이 보인다.

거위벌레과

크기 6.5~7mm
나타나는 때 5~10월
겨울나기 어른벌레

o 생김새가 새똥과 닮았다.

배자바구미

바구미과

크기 6~10mm
나타나는 때 4~9월
겨울나기 어른벌레

전국의 낮은 산지부터 관찰된다. 몸은 짧고 뚱뚱하며, 새똥과 비슷한 색이다. 이는 천적에게서 몸을 보호하기 위해서다. 어른벌레는 굵게 발달한 앞다리로 칡 줄기에 붙어 있다가 건드리면 다리를 오므리고 땅에 떨어져 죽은 척한다.

o 가늘고 길쭉하다.

점박이길쭉바구미

전국의 풀밭부터 낮은 산지까지 관찰된다. 몸은 가늘고 길쭉하며, 황토색 가루가 덮였다. 이 가루는 만지면 쉽게 벗겨진다. 어른벌레는 이른 봄부터 자라는 쑥에서 보인다. 가까이 다가가면 땅으로 떨어져 죽은 척한다.

바구미과
크기 6.5~12.5mm **나타나는 때** 4~9월 **겨울나기** 어른벌레

◐ 바닥을 기어다니는 사과곰보바구미.

사과곰보바구미

바구미과

크기 13~16mm
나타나는 때 4~8월
겨울나기 어른벌레

전국의 낮은 산지부터 관찰된다. 검은색에 가까운 몸에 갈색 털이 나서 무늬처럼 보이고, 불규칙하게 퍼져 있는 점이 곰보 자국 같다. 어른벌레는 주로 참나무 종류 껍질 사이에 붙어 있다.

o 베어 낸 소나무에 날아왔다.

솔곰보바구미

전국의 바늘잎나무 숲에서 주로 관찰된다. 몸은 적갈색이고, 딱지날개에 노란 줄무늬가 희미하다. 어른벌레는 이른 봄부터 베어 낸 소나무에서 보이고, 산지 주변 불빛에도 잘 날아온다.

바구미과

크기 7~13mm
나타나는 때 5~7월
겨울나기 어른벌레

o 몸이 울퉁불퉁하고 보호색을 띤다.

바구미과

크기 15~20mm
나타나는 때 5~8월
겨울나기 애벌레

옻나무바구미

낮은 산지부터 관찰된다. 몸은 울퉁불퉁하고 갈색을 띠며 얼룩덜룩하다. 어른벌레는 참나무 종류나 오리나무 나뭇진에서 많이 보인다. 건드리면 다리를 오므리고 죽은 척한다.

o 가죽나무에서 짝짓기 중이다.

극동버들바구미

낮은 산지부터 관찰된다. 몸은 길쭉한 타원형이고, 새똥과 비슷한 색이다. 배자바구미와 닮았지만, 몸 형태가 다르다. 어른벌레는 가죽나무에서 자주 보인다. 건드리면 다리를 오므리고 죽은 척한다.

바구미과

크기 10~11mm
나타나는 때 4~11월
겨울나기 어른벌레

o 뒷다리가 길고 털이 많은 수컷.

바구미과

크기 8~12mm
나타나는 때 5~7월
겨울나기 애벌레

털보바구미

낮은 산지부터 관찰된다. 몸은 길쭉하고 회백색을 띠며, 딱지날개에 검은색 무늬가 있다. 온몸에 털이 덮였고, 특히 뒷다리에 털이 많다. 수컷은 암컷보다 뒷다리가 크고 길다. 봄부터 다양한 넓은잎나무 잎에서 보이고, 낮과 밤 모두 활발하게 돌아다닌다.

o 생김새가 특이한 혹바구미.

혹바구미

전국의 낮은 산지부터 관찰된다. 주둥이가 짧고 뭉툭하며, 배 끝으로 갈수록 각지고 뚱뚱한 몸에 회백색 잔털이 덮였다. 어른벌레는 칡잎을 먹고, 건드리면 다리를 오므리고 죽은 척한다.

바구미과

크기 13~17mm
나타나는 때 5~9월
겨울나기 애벌레

○ 베어 낸 소나무에서 짝짓기 중인 왕바구미.

바구미과

크기 12~29mm
나타나는 때 5~9월
겨울나기 애벌레

왕바구미

전국의 낮은 산지부터 관찰된다. 우리 나라 바구미 중 가장 크다. 몸이 아주 딱딱하며, 땅콩과 비슷한 색이다. 밤이 되면 참나무 종류 나뭇진이나 베어 낸 소나무에서 많이 보인다.

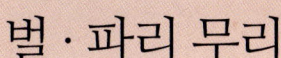

벌·파리 무리

알-애벌레-번데기-어른벌레를 거쳐 완전탈바꿈 하는 무리다. 다른 곤충 무리와 달리 집단으로 생활하며, 사회성이 있어 각자의 역할에 따라 지혜롭게 살아간다. 우리가 흔히 아는 벌, 개미, 파리, 모기 등이 이 무리에 속한다. 애벌레 때 벌이나 개미는 집 안에서 자라고, 파리와 모기는 썩은 나무나 물 속에서 보낸다. 인간의 생활과 밀접하게 연관된 무리인 만큼 파리나 모기처럼 해를 주고, 말벌처럼 위험한 곤충도 많다. 하지만 개미는 분해자로서, 꿀벌은 인간에게 꿀을 주고 꽃가루를 옮겨 열매를 맺게 하는 매개체로서 농업에 큰 도움을 준다. 또 벌이나 개미는 나비·딱정벌레·메뚜기 무리 등과 기생 혹은 공생하는 종도 있어 생태가 특이하고 재미있는 무리다.

○ 큰호리병벌 집에서 갓 나온 어른벌레.

큰호리병벌

도심이나 낮은 산지 주변에서 흔히 관찰된다. 가슴과 배에 굵고 노란 무늬가 선명하다. 어른벌레는 흙을 뭉쳐 바위나 건물 벽 아래 방 하나를 완성하면 그 옆에 하나를 덧붙이는 식으로 집을 짓는다. 애벌레는 방 안에서 어른벌레가 넣어 둔 자나방 애벌레를 먹고 자란다.

호리병벌과

크기 25~30mm
나타나는 때 6~10월
겨울나기 애벌레

o 꽃에 날아온 왕청벌.

청벌과

크기 12~16mm
나타나는 때 6~10월
겨울나기 애벌레

왕청벌

몸은 청색과 녹색이 섞여 있고 광택이 강해서 아름답다. 우리 나라 청벌 중에 가장 커서 붙은 이름이다. 어른벌레는 꽃에 잘 날아오고, 큰호리병벌 집에 구멍을 낸 다음 그 속에 알을 낳는다. 애벌레는 그 속에서 큰호리병벌에 기생하며 자란다.

o 오래 된 흙벽 주변에서 많이 보인다.

육니청벌

흙이나 목재로 지은 집에서 자주 관찰된다. 머리와 가슴 쪽은 녹색이 강하고, 배 쪽으로 갈수록 청색이 나타난다. 배 끝 쪽은 톱날처럼 생겼다. 꽃에 잘 날아오고, 만지면 몸을 둥글게 말고 죽은 척한다.

청벌과

크기 9~13mm
나타나는 때 6~10월
겨울나기 애벌레

o 썩은 참나무를 쌓아 둔 곳에 집을 지었다.

말벌과

크기 20~25mm
나타나는 때 4~10월
겨울나기 어른벌레

말벌

전국의 낮은 산지부터 관찰된다. 가슴은 검은색이나 윗부분에 적갈색 무늬가 있고, 가슴과 배의 경계 부분에도 적갈색 무늬가 뚜렷하며, 아랫부분에는 노란 물결 무늬가 있다. 주로 곤충을 잡아먹는다.

o 물가로 내려와 물을 먹는 털보말벌.

털보말벌

전국적으로 관찰된다. 몸에 누런 털이 촘촘해서 붙은 이름이다. 어른벌레는 참나무 나뭇진이나 꽃에 날아오고, 영양분을 섭취하기 위해 파리나 나비 애벌레, 메뚜기 애벌레 등을 사냥하기도 한다. 집은 대부분 처마 밑에 둥글게 짓는다.

말벌과

크기 26mm
나타나는 때 4~10월
겨울나기 어른벌레

o 나뭇진에 온 검정말벌. 배가 검은색이다.

말벌과

크기 15mm
나타나는 때 7~10월
겨울나기 어른벌레

검정말벌

한참 더운 7~8월에 참나무 종류에 무리지어 날아와 나뭇진을 먹는 모습이 관찰된다. 머리와 가슴은 암적색이고, 배는 검은색이다.

o 썩은 참나무 속에서 겨울나기를 잔다.

좀말벌

전국의 야산부터 관찰되는 흔한 종이다. 우리 나라 말벌 가운데 큰 편이며, 몸빛은 검다. 배에 일자형 노란색 무늬가 있다. 어른벌레는 꽃이나 참나무 종류 나뭇진에 잘 날아오며, 다른 곤충을 사냥하기도 한다. 풀과 나무가 섞인 공간이나 처마 밑에 집을 짓는다.

말벌과

크기 22~29mm
나타나는 때 4~10월
겨울나기 어른벌레

◦ 차에 깔려 죽은 개구리의 살점을 뜯어 먹는다.

말벌과

크기 14~18mm
나타나는 때 4~10월
겨울나기 어른벌레

참땅벌

작은 몸에 검고 노란 줄무늬가 가늘게 나 있다. 둥근 집을 땅 속에 짓는다. 꽃에 잘 날아오며, 영양분을 얻기 위해 자기보다 작은 곤충을 사냥하기도 한다. 죽은 개구리나 지렁이 등에 날아와 살을 뜯어 먹는 모습이 자주 관찰된다.

○ 벌집에 떼로 붙어 있다.(위)
○ 집이 뱀 허물처럼 길쭉하다.(아래)

뱀허물쌍살벌

몸은 밝은 노란색을 띠고, 얼굴에 세로줄 무늬가 있다. 집은 나뭇가지에 세로로 길쭉하게 짓는데, 이 모습이 뱀의 허물과 비슷해서 붙은 이름이다. 작은 나방 애벌레, 메뚜기 등을 주로 먹으며, 부드럽게 썩은 참나무 종류 속에서 무리지어 겨울을 난다.

말벌과

크기 10~22mm
나타나는 때 4~9월
겨울나기 어른벌레

o 물가에 내려와 물을 먹는다.

말벌과

크기 14~17mm
나타나는 때 4~10월
겨울나기 어른벌레

왕바다리

도심이나 낮은 산지에서 흔히 관찰된다. 기온이 올라갈 때면 계곡물 주변에도 많다. 몸은 검은색이며, 배에 주황색 물결 무늬가 강하게 나타난다. 집은 처마 밑에 솥뚜껑 형태로 짓는다.

o 꽃가루를 먹으러 온 어리호박벌.

어리호박벌

전국의 들판이나 낮은 산지에서 주로 관찰된다. 날개와 몸이 검은색이며, 가슴에는 노란 털이 촘촘하다. 봄부터 사람 키보다 높은 곳에서 정지 비행을 하며 떠 있는 모습이 보이고, 다른 개체들이 오면 영역 싸움도 한다. 꽃에 잘 날아온다.

꿀벌과

크기 20~22mm
나타나는 때 4~8월
겨울나기 어른벌레

o 풀 줄기에 매달려 쉰다.

꿀벌과

크기 12~23mm
나타나는 때 4~10월
겨울나기 어른벌레

호박벌

암컷은 몸 전체가 검은 털로 덮였고, 배 끝에만 주황색 털이 있다. 수컷은 몸 전체가 노란 털로 덮였고, 배 쪽으로 검은색과 주황색 털이 있어 쉽게 구별된다. 이른 봄부터 꽃에 잘 날아온다.

o 꽃가루를 먹으러 왔다.

양봉꿀벌

도심을 비롯하여 주변에서 흔히 보인다. 양봉장에서 꿀을 만들기 위해 기르는 벌로, '서양 꿀벌'이라고도 한다. 농가에서 암꽃과 수꽃에 꽃가루받이(수분) 하여 인간에게 많은 도움을 주는 곤충이다.

꿀벌과

크기 11~12mm
나타나는 때 3~10월
겨울나기 어른벌레

○ 둥글게 자른 나뭇잎을 물고 있다.(위)
○ 날카로운 턱으로 나뭇잎을 순식간에 자른다.(아래)

꿀벌과

크기 12~13mm
나타나는 때 5~9월
겨울나기 애벌레

장미가위벌

이른 봄부터 낮은 산지에서 관찰되고, 가끔 도심에서도 보인다. 턱으로 나뭇잎을 잘라서 붙은 이름이다. 어른벌레는 여린 나뭇잎을 둥글게 잘라서 여러 장 겹친 다음 그 속에 알을 낳는다. 애벌레의 집은 도심에서는 콘크리트의 구멍 난 벽 속을, 산 속에서는 흙벽에 구멍을 내거나 바위 사이를 이용하기도 한다.

○ 밤나무에 날아온 말총벌. 산란관이 매우 길다.

말총벌

베어 낸 넓은잎나무나 밤나무 숲에서 주로 관찰된다. 배에 산란관이 길게 나와 있는데, 15cm나 되는 개체도 있다. 이 산란관이 말의 꼬리처럼 보인다고 해서 붙은 이름이다. 어른벌레는 나무 속에 있는 하늘소 종류 애벌레의 몸 속에 알을 낳으며, 깨어난 애벌레는 하늘소 몸 속에서 기생하며 자란다.

고치벌과

크기 15~20mm
나타나는 때 5~6월
겨울나기 애벌레

o 개미처럼 생긴 암컷.

개미벌과

크기 8~11mm
나타나는 때 5~10월
겨울나기 어른벌레

밑분홍개미벌

전국의 낮은 산지부터 관찰된다. 몸은 검은색이며, 가슴은 빨갛다. 배 끝에 흰 줄무늬가 있는데, 그 위로 흰 점이 있는 개체도 나타난다. 암컷은 날개가 없어 생김새나 행동이 개미와 아주 비슷하다. 수컷은 날개가 있다.

o 혼인 비행을 위해 바쁜 일본왕개미들.

일본왕개미

전국의 도심이나 낮은 산지 주변에서 흔히 관찰된다. 우리 나라 개미 중에 가장 크다. 도심에서는 죽은 곤충이나 음식물에 모이고, 산 속에서는 넓은잎나무 줄기에 상처를 내어 수분을 섭취하는 모습도 볼 수 있다.

개미과

크기 6~18mm
나타나는 때 3~10월
겨울나기 어른벌레

o 일본납작진딧물과 곰개미.

개미과

크기 4~13mm
나타나는 때 3~10월
겨울나기 어른벌레

곰개미

전국에서 흔히 관찰된다. 일본왕개미와 닮았으나, 크기가 작고 가슴이 굴곡져서 구별된다. 도심, 낮은 산지 등에서 죽은 곤충이나 나방 애벌레에 잘 모인다.

○ 가슴에 낚싯바늘처럼 날카롭게 휜 가시가 있다.

가시개미

머리와 배는 검은색에 가깝고, 가슴은 어두운 빨간색이다. 가슴에 크고 날카로운 갈고리 모양 가시가 있어서 붙은 이름이다. 낮은 산지의 밤나무, 참나무 등 넓은잎나무의 썩은 곳에 무리지어 있다.

개미과

크기 6~10mm
나타나는 때 4~10월
겨울나기 어른벌레

o 녹색 눈이 아름답다.

파리매과

크기 20~28mm
나타나는 때 7~8월
겨울나기 애벌레

왕파리매

몸은 황갈색이나 적갈색이다. 검은 다리는 종아리마디만 주황색이며, 굵은 털이 듬성듬성 났다. 재빠르게 날아다니며 파리, 벌, 나비 등 다양한 곤충을 낚아채서 먹는다.

o 먹이 사냥에 성공한 파리매.

파리매

몸 위쪽은 검은색 털로 덮였고, 아래쪽은 갈색 털이 있다. 배에는 갈색 털이 마디처럼 나타난다. 종아리마디는 주황색이며, 수컷은 배 끝에 흰색 털이 있다. 풀밭이나 낮은 산지에서 파리, 벌, 나비 등 작은 곤충을 사냥한다.

파리매과
크기 25mm
나타나는 때 7~9월
겨울나기 애벌레

o 말라 죽은 풀 줄기 사이에 알을 낳는다.

파리매과

크기 17~20mm
나타나는 때 4~6월
겨울나기 애벌레

광대파리매

전국의 풀밭이나 낮은 산지부터 관찰된다. 검은색 몸에 황갈색 털이 듬성듬성 났다. 가슴은 둥글고 통통하며, 배는 상대적으로 홀쭉한 느낌이다. 낮에 날아다니며 작은 날벌레 등을 잡아먹는다.

o 땅바닥에 앉아 쉰다. 온몸이 털로 덮였다.

빌로오도재니등에

전국의 낮은 들판이나 낮은 산지의 양지바른 곳에서 관찰된다. 둥근 몸에 길고 부드러운 갈색 털이 촘촘하다. 날개는 절반은 검은색이고 절반은 반투명하다. 이른 봄부터 무덤 주변의 낮게 자라는 양지꽃에서 정지비행하며 꿀을 빠는 모습을 볼 수 있다.

재니등에과

크기 7~11mm
나타나는 때 4~10월
겨울나기 어른벌레

o 개망초에 날아왔다.

호리꽃등에

꽃등에과

크기 7~11mm
나타나는 때 3~12월
겨울나기 어른벌레

전국의 도심 공원, 낮은 산지 등 꽃이 있는 곳이면 어디에서나 관찰된다. 몸은 오렌지색이고, 가슴은 광택이 나는 구릿빛이다. 배에는 검은 띠가 세 줄 있다. 3월부터 다양한 꽃에 날아와 꽃가루를 먹는다. 애벌레는 진딧물을 잡아먹고 자란다.

○ 낮부터 꽃에 날아와 열심히 꽃가루를 먹는다.

털좀넓적꽃등에

전국의 도심과 낮은 산지 등에서 모두 관찰된다. 몸은 갈색이며 가슴은 청동색이다. 배는 검은 바탕에 굵고 노란 띠 무늬가 있는데, 맨 위 무늬는 끊어졌다. 3월부터 다양한 꽃에 날아와 꽃가루를 먹는다. 애벌레는 진딧물을 잡아먹고 자란다.

꽃등에과

크기 8~14mm
나타나는 때 3~11월
겨울나기 어른벌레

o 가슴에 희미하게 줄무늬가 보인다.

배짧은꽃등에

꽃등에과

크기 12mm
나타나는 때 4~11월
겨울나기 어른벌레

전국의 도심이나 낮은 산지 등에서 모두 관찰된다. 몸은 흑갈색이며, 가슴에는 잔털이 났고 옅은 회색 줄무늬가 있는 것처럼 보인다. 흑갈색 배는 마디마다 노란 줄무늬가 있다. 애벌레는 오염된 물 속에서 생활하고, 어른벌레는 이른 봄부터 다양한 꽃에 날아와 꽃가루를 먹는다.

o 꽃가루를 열심히 먹는다.

꽃등에

전국의 도심이나 낮은 산지 등에서 모두 관찰된다. 둥글고 뚱뚱한 몸은 흑갈색이며, 가슴에 잔털이 있다. 적갈색 배는 마디마다 검은 띠가 있는데, 개체에 따라 띠 무늬가 다르다. 애벌레는 물 속에서 생활하고, 어른벌레는 다양한 꽃에 날아와 꽃가루를 먹는다.

꽃등에과

크기 14~15mm
나타나는 때 4~10월
겨울나기 어른벌레

o 가슴에 세로줄이 2개 있다.

꽃등에과

크기 12~14mm
나타나는 때 4~8월
겨울나기 애벌레

수중다리꽃등에

전국의 도심부터 낮은 산지까지 관찰된다. 몸 아랫면으로 갈색 털이 덮였고, 가슴은 검은색이며 희미한 갈색 세로줄이 두 개 있다. 배는 광택이 나고, 위쪽은 노란색 무늬가 있고 아래로 갈수록 검다. 뒷다리는 넓적다리마디가 넓적하고, 종아리마디는 휘었다. 도심이나 산에 피는 다양한 꽃에 날아온다.

o 빨간 머리와 얼룩무늬 날개가 특징이다.

날개알락파리

머리는 빨간색이고, 가슴과 배는 흑남색이다. 주둥이가 툭 튀어나왔으며, 배는 짧고 뚱뚱하다. 날개에는 특이한 흑남색 무늬가 퍼져 있다. 어른벌레는 동물의 똥, 사체 등에 무리지어 있는 모습이 관찰된다.

알락파리과

크기 5~20mm
나타나는 때 5~8월
겨울나기 애벌레

o 조팝나무 꽃에 날아온 똥파리.

똥파리과

크기 10mm
나타나는 때 4~10월
겨울나기 어른벌레

똥파리

축사(가축을 키우는 건물)나 낮은 산지에서 관찰된다. 온몸이 밝은 갈색이며 털로 덮였다. 이른 봄부터 다양한 동물의 배설물이나 축사의 퇴비에 잘 모여서 붙은 이름이다.

o 온몸에 광택이 난다.

구리금파리

전국의 도심부터 낮은 산지까지 모두 관찰된다. 몸은 광택이 나는 녹색이다. 야생 동물이나 사람의 똥, 음식물 쓰레기 등에 날아온다.

검정파리과

크기 6~12mm
나타나는 때 4~10월
겨울나기 어른벌레

o 꽃에 날아온 점박이꽃검정파리.

검정파리과

크기 5~7mm
나타나는 때 6~11월
겨울나기 애벌레

점박이꽃검정파리

도심이나 낮은 산지에서 모두 관찰된다. 몸은 어두운 구릿빛이며 광택이 난다. 눈에는 세로로 물결 무늬가 있고, 가슴과 배에는 검은 털이 촘촘하다. 어른벌레는 6월부터 많이 보이고, 다양한 꽃에 날아와 꽃가루를 먹는다.

o 눈이 빨갛다.

검정볼기쉬파리

전국의 도심부터 산지까지 관찰된다. 눈이 빨간색이며, 몸은 검은색과 회색이 뒤섞였다. 사람이나 동물의 똥, 음식물 쓰레기 등에서 볼 수 있다.

쉬파리과	
크기	7~13mm
나타나는 때	4~10월
겨울나기	애벌레

o 얼굴에 흰 마스크를 쓴 것 같다.

알락벌붙이파리

벌붙이파리과

크기 6~11mm
나타나는 때 5~10월
겨울나기 애벌레

산지에서 주로 관찰된다. 머리가 유난히 크고, 몸은 흑갈색을 띤다. 얼굴은 흰색 마스크를 한 것처럼 튀어나왔다. 넓적다리마디가 짧고 굵게 발달한 것이 특징이다.

o 배 중간에 세로줄 무늬가 있다.

줄각다귀

전국의 풀밭이나 계곡이 있는 낮은 산지에서 관찰된다. 몸은 갈색이며, 날개에는 날개맥을 따라 검은 줄무늬가 있다. 낮에 그늘 진 곳에서 앉은 모습이 자주 보인다.

각다귀과

크기 12~16mm
나타나는 때 5~10월
겨울나기 애벌레

o 몸이 큰 장수각다귀.

각다귀과

크기 24~34mm
나타나는 때 4~10월
겨울나기 애벌레

장수각다귀

전국의 계곡 주변에서 관찰된다. 몸은 갈색을 띠고, 가슴에 짙은 갈색과 검은색 무늬가 있다. 날개는 불투명한 갈색이며, 날개맥을 따라 검은 무늬가 불규칙하게 나타난다. 매우 크고, 낮에도 그늘에 붙어 있는 모습이 보인다. 애벌레는 물 속에서 생활한다.

o 몸빛이 알록달록하다. 썩은 참나무 숲에서 잘 보인다.

대모각다귀

전국의 낮은 산지부터 관찰되며, 넓은잎나무가 울창한 숲 속에 많다. 몸은 노란색과 검은색이 섞였다. 반투명한 날개에 크고 검은 얼룩무늬가 있다. 어른벌레는 썩은 참나무 종류에 알을 낳고, 애벌레는 그 나무를 파먹고 자란다.

각다귀과

크기 13~17mm
나타나는 때 5~8월
겨울나기 애벌레

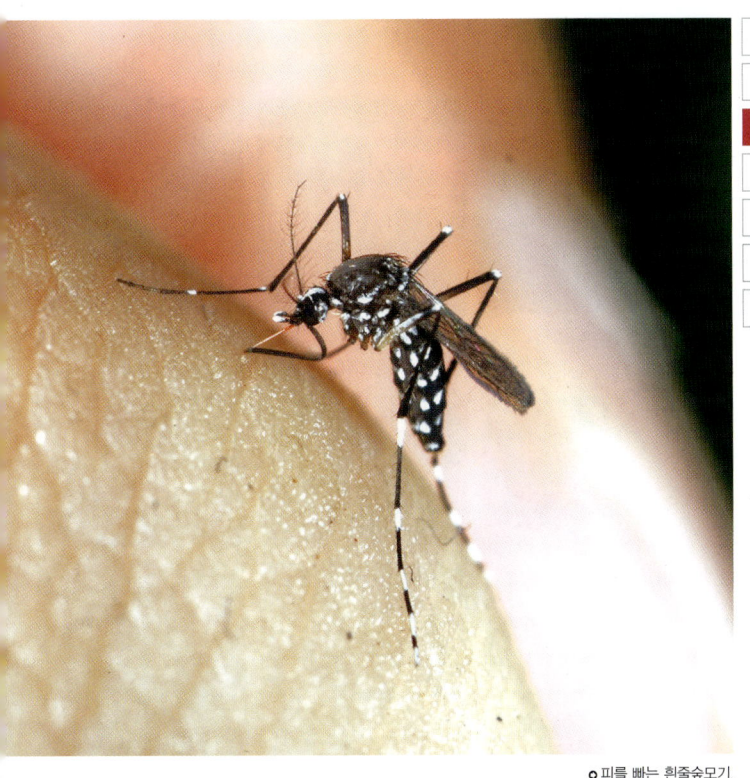

○ 피를 빠는 흰줄숲모기.

모기과

크기 4.5mm
나타나는 때 6~9월
겨울나기 알

흰줄숲모기

전국의 들판이나 낮은 산지부터 관찰된다. 몸은 검은색이며 가슴, 배, 다리에 흰 줄무늬가 있다. 대나무 숲이나 울창한 숲 속 그늘에서 많이 활동하며, 동물의 피를 먹는다.

노린재 · 매미 무리

알-애벌레-어른벌레를 거쳐 불완전탈바꿈 하는 무리다. 노린재와 매미 등이 대표적이고, 물 속에서 진화한 물장군, 장구애비, 게아재비 등도 이 무리에 속한다. 노린재 무리의 가장 큰 특징은 길쭉하고 뾰족한 주둥이로, 열매에 주둥이를 꽂아 즙을 먹는 종과 다양한 애벌레나 곤충의 몸에 주둥이를 꽂아 체액을 먹는 종이 있다. 이들은 대부분 만지면 주둥이로 쏘거나 고약한 냄새를 풍겨 천적에게서 자기 몸을 지킨다.

o 개구리 알 덩이 위에서 짝짓기 중이다. 개구리 알을 먹기도 한다.

등빨간소금쟁이

이른 봄부터 전국의 웅덩이에서 관찰된다. 몸 윗면의 가슴과 날개에 붉은 무늬가 있다. 물 위에 떠다니며 짝짓기 하는 모습이 자주 보인다. 어른벌레는 물에 빠져서 죽은 곤충이나 개구리 알 등에 침을 꽂아 체액을 먹는다.

소금쟁이과

크기 12~14mm
나타나는 때 3~10월
겨울나기 어른벌레

o 물살이 약한 계곡물 위를 떠다닌다.

소금쟁이과

크기 5~7mm
나타나는 때 3~10월
겨울나기 어른벌레

광대소금쟁이

이른 봄부터 물살이 느린 계곡에서 주로 관찰된다. 날개가 있는 개체도 있고 없는 개체도 있다. 몸은 누런색을 띠고, 검은색 줄무늬가 복잡하게 퍼져 있다. 어른벌레는 계곡에 빠져 죽은 곤충의 체액을 먹는다.

o 겨울에도 돌을 뒤집으면 쉽게 볼 수 있다.

물자라

전국의 계곡이나 웅덩이에서 흔히 관찰된다. 둥글고 납작한 몸은 갈색을 띠며, 머리 뒤로 검은 줄무늬가 있다. 어른벌레는 물 속에서 작은 물고기나 곤충의 몸에 침을 꽂고 체액을 먹는다. 겨울에 계곡에서 돌을 뒤집어 보면 무리지어 있는 모습이 보인다.

물장군과

크기 17~20mm
나타나는 때 3~10월
겨울나기 어른벌레

o 습지에서 이동하는 각시물자라.

각시물자라

물장군과

크기 15~17mm
나타나는 때 3~10월
겨울나기 어른벌레

이른 봄부터 전국의 계곡이나 웅덩이에서 주로 관찰된다. 몸은 연한 갈색이며, 물자라보다 원형에 가깝다. 날개 테두리가 반투명한 막으로 되어 있다. 암컷은 수컷의 등에 알을 낳고, 수컷은 이 알을 등에 붙이고 다닌다.

o 물풀이 많은 웅덩이에 산다.

물장군

저수지나 웅덩이, 수로 등에서 관찰된다. 몸이 매우 크고 갈색이다. 앞다리가 굵고 튼튼하며, 자기보다 큰 물고기나 개구리를 잡아먹을 정도로 힘이 세다. 암컷이 물 위로 나온 나무나 돌 등에 알을 낳으면 수컷이 지킨다. 어른벌레는 불빛에도 잘 날아온다. 멸종 위기 야생 생물 2급으로 지정·보호된다.

물장군과

크기 48~65mm
나타나는 때 5~9월
겨울나기 어른벌레

o 몸이 둥글둥글하다.

물둥구리과

크기 11~13mm
나타나는 때 5~9월
겨울나기 어른벌레

물둥구리

수생 식물이 많은 웅덩이에서 주로 관찰된다. 몸은 둥글고 연두색이며, 다리가 짧다. 성격이 매우 포악하다. 어른벌레는 물고기나 작은 곤충들을 잡아먹는다 .

○ 고인 물에서 만난 장구애비. 다리가 흙에 묻혔다.

장구애비

전국의 웅덩이나 계곡에서 흔히 관찰된다. 몸은 납작하고 적갈색을 띠며, 호흡관이 길다. 만지면 좋지 않은 냄새가 난다. 낫처럼 생긴 앞다리로 물고기나 작은 곤충들을 사냥한다.

장구애비과

크기 30~38mm
나타나는 때 3~10월
겨울나기 어른벌레

o 호흡기가 짧은 것이 큰 특징이다.

메추리장구애비

장구애비과

크기 18~22mm
나타나는 때 3~10월
겨울나기 어른벌레

이른 봄부터 연못이나 계곡에서 관찰된다. 몸은 적갈색이며, 짧고 납작하다. 장구애비보다 작고 호흡관이 짧다. 물 속에 있는 작은 생물들을 낫처럼 생긴 앞다리로 잡아먹는다.

ㅇ몸이 길쭉하다.

게아재비

전국의 연못이나 웅덩이에서 쉽게 관찰된다. 몸은 길쭉한 막대기 같은 모양이고, 앞다리가 가늘고 긴 낫처럼 발달했다. 건드리면 다리를 쭉 뻗고 나뭇가지를 흉내내며 죽은 척한다. 어른벌레는 물 속에서 길고 날카로운 앞다리로 물고기나 곤충들을 잡아먹는다.

장구애비과

크기 40~45mm
나타나는 때 3~10월
겨울나기 어른벌레

- 물 속에서 몸을 뒤집은 채 떠 있다.(위)
- 물 밖으로 나오면 엉성하나마 다른 곤충들처럼 기어다닌다.(아래)

송장헤엄치게과

크기 11~14mm
나타나는 때 5~10월
겨울나기 어른벌레

송장헤엄치게

봄부터 전국의 웅덩이에서 쉽게 관찰된다. 몸은 검은색이며, 날개에는 갈색 무늬가 있다. 웅덩이 가장자리에서 배를 하늘 쪽으로 하고 누운 모습이 보인다. 어른벌레는 물 속에 사는 작은 생물을 잡아먹는다.

o 녹색을 띠는 일반적인 광대노린재.(위)
o 흑색형 광대노린재.(왼쪽)
o 광대노린재 애벌레.(오른쪽)

광대노린재

전국의 낮은 산지에서 주로 관찰된다. 몸은 녹색이며, 빨간색 줄무늬가 퍼져 있다. 몸이 검은색에 가까운 개체도 있다. 어른벌레는 목련, 참나무 종류 등 넓은잎나무 열매의 즙을 빤다.

광대노린재과

크기 17~20mm
나타나는 때 5~8월
겨울나기 애벌레

○ 몸빛이 화려한 큰광대노린재.(위)
○ 깨어나기 직전의 큰광대노린재. 빨간 눈 무늬가 생겼다.(아래)

광대노린재과

크기 17~19mm
나타나는 때 5~6월
겨울나기 애벌레

큰광대노린재

낮은 산지에서 주로 관찰된다. 녹색 몸에 광택이 나는 빨간색과 녹색 무늬가 대칭을 이룬다. 산지에서나 조경수로 심은 회양목 열매의 즙을 빠는 모습이 자주 보인다. 어른벌레는 넓은잎나무의 잎 뒷면에 알을 낳고, 애벌레는 다양한 열매의 즙을 먹는다.

o 몸이 얼룩덜룩하다.

얼룩대장노린재

전국의 낮은 산지에서 흔히 관찰된다. 몸이 크고 넓적하며, 회색과 검은색이 섞여 얼룩덜룩하다. 낮에는 참나무 종류의 껍질에 앉아 있으면 잘 보이지 않는다. 어른벌레는 나무껍질이나 낙엽 아래에서 겨울을 난다.

노린재과

크기 20~22mm
나타나는 때 4~10월
겨울나기 어른벌레

○ 불빛에 이끌려 날아왔다.

노린재과

크기 17~19mm
나타나는 때 7~9월
겨울나기 애벌레

제주노린재

높은 산지에서 주로 관찰된다. 윗면은 적갈색이며, 앞가슴등판의 절반만 연두색을 띤다. 날개 옆으로 녹색 배마디가 드러나고, 배 끝 마디 쪽에 붉은 무늬가 있다. 낮에는 나뭇잎 위에서 쉬거나 먹이 활동을 하고, 밤이면 불빛에 잘 날아온다.

o 불빛 주변 나무에 붙어 있다.

장흙노린재

전국의 낮은 산지에서 주로 관찰된다. 윗면은 빨간색이나 갈색이며, 다리는 노란색이다. 어깨 부분이 약간 튀어나왔으며, 끝 쪽이 검다. 어른벌레는 느티나무의 즙을 빨고, 밤에는 불빛에도 잘 날아온다.

노린재과
크기 18~20mm **나타나는 때** 7~9월 **겨울나기** 애벌레

o 불빛에 날아온 대왕노린재. 어깨의 돌기가 발달했다.

노린재과

크기 23~25mm
나타나는 때 6~9월
겨울나기 애벌레

대왕노린재

높은 산지 주변에서 주로 관찰된다. 몸은 광택이 나는 녹색과 보라색이다. 어깨의 돌기가 바깥으로 크게 휘었다. 낮에는 나뭇잎 위에서 돌아다니며 먹이 활동을 하고, 밤이면 불빛에 잘 날아온다.

o 불빛 주변의 풀에서 관찰된 알락수염노린재.

알락수염노린재

전국의 풀밭이나 낮은 산지에서 흔히 관찰된다. 몸은 적갈색이며, 더듬이는 검은색과 흰색이 번갈아 나타난다. 겨울을 난 어른벌레들이 이른 봄부터 다양한 식물에 날아든다.

노린재과

크기 11~13mm
나타나는 때 4~8월
겨울나기 어른벌레

○ 개망초 꽃에 날아왔다.(위)
○ 나뭇잎 끝에서 날아가려고 준비 중이다.(아래)

노린재과

크기 7~9mm
나타나는 때 4~9월
겨울나기 어른벌레

북쪽비단노린재

이른 봄부터 전국의 풀밭이나 밭, 낮은 산지에서 관찰된다. 검은색 몸에 빨간 테두리와 줄무늬가 있다. 배추와 무 등을 먹어 농가에 피해를 준다. 사는 곳에서 여러 마리가 관찰된다.

o 몸에 빨간 세로줄 무늬가 있다.

홍줄노린재

전국의 풀밭이나 낮은 산지에서 주로 관찰된다. 몸은 검은색이며, 빨간 세로줄 무늬가 일정한 간격으로 나타난다. 어른벌레는 미나리과 식물을 좋아하고, 다양한 꽃에도 날아온다.

노린재과

크기 9~12mm
나타나는 때 6~9월
겨울나기 애벌레

o 잘록한 허리와 길고 튼튼한 뒷다리가 눈에 띈다.

허리노린재과

크기 14~17mm
나타나는 때 5~10월
겨울나기 애벌레

톱다리개미허리노린재

전국의 낮은 산지나 도심 공원 등에서 고루 관찰된다. 몸은 갈색이며 길쭉하다. 애벌레가 개미와 닮았고 허리가 잘록해서 붙은 이름이다. 날씨가 좋으면 탁 트인 곳에서 날아다니는 모습을 흔히 볼 수 있다.

o 나뭇잎 뒤에서 짝짓기 중이다.

떼허리노린재

전국의 풀밭이나 낮은 산지에서 관찰된다. 몸은 흑갈색이다. 봄부터 식물 줄기에 수십 마리가 떼지어 있어서 붙은 이름이다. 배 끝을 서로 붙이고 짝짓기 하는 모습이 자주 보인다.

허리노린재과

크기 8~11mm
나타나는 때 5~10월
겨울나기 애벌레

o 소나무 껍질 아래에서 무리지어 겨울나기을 자는 왕침노린재.

침노린재과

크기 20~26mm
나타나는 때 4~9월
겨울나기 어른벌레

왕침노린재

전국의 낮은 산지에서 주로 관찰된다. 몸은 납작하고 갈색이며, 다리가 길쭉하다. 낮에 잘 날아다니고, 풀줄기나 넓은 나뭇잎에서 자주 보인다. 길고 뾰족한 주둥이로 다양한 애벌레를 먹으며, 어른벌레는 나무껍질 사이에서 무리지어 겨울을 난다.

○ 알 모양이다.

무당알노린재

전국의 풀밭이나 낮은 산지에서 관찰된다. 몸이 매우 작고 알 모양이며, 녹색과 갈색이 섞였다. 주로 칡이나 콩을 먹으며, 줄기나 잎 뒷면에 여러 마리가 붙어 있다.

알노린재과

크기 4~5mm
나타나는 때 6~9월
겨울나기 애벌레

o 검은 점 4개가 뚜렷하다.

참나무노린재과

크기 14~16mm
나타나는 때 5~10월
겨울나기 어른벌레

두쌍무늬노린재

전국의 낮은 산지부터 관찰된다. 몸은 붉은색이며, 날개에 검은 점이 두 쌍 있다. 낮에 다양한 넓은잎나무에 앉은 모습이 보인다. 어른벌레는 낙엽이나 나무껍질 밑에서 겨울을 난다.

o 짝짓기 중이다. 어깨의 붉은 무늬가 눈에 띈다.

긴가위뿔노린재

전국의 낮은 산지에서 주로 관찰된다. 몸은 녹색이고, 날개가 겹친 부분은 적갈색이며, 어깨 끝에 빨간 점이 있다. 수컷은 배 끝에 길고 붉은 돌기가 있다.

뿔노린재과

크기 17~19mm
나타나는 때 5~8월
겨울나기 어른벌레

- 마른 줄기에 앉은 털매미.(위)
- 짝짓기 중인 털매미.(아래)

매미과

크기 20~25mm
나타나는 때 6~8월
겨울나기 애벌레

털매미

전국의 도심이나 낮은 산지부터 관찰된다. 몸은 갈색이다. 겉날개는 반투명하고 갈색과 짙은 갈색 얼룩무늬가 있으며, 속날개는 검은색이다. 불빛에도 잘 날아온다.

o 날개가 바깥쪽으로 둥근 느낌이다.

늦털매미

전국의 낮은 산지부터 관찰된다. 털매미와 비슷하지만 겉날개가 바깥쪽으로 넓게 나왔으며, 속날개는 주황색이다. 다른 매미들이 모습을 감추는 8월 말부터 나와 남쪽에서는 11월 초까지 볼 수 있다. 불빛에도 잘 날아온다.

매미과

크기 22~26mm
나타나는 때 8~11월
겨울나기 애벌레

o 나무 밑동에 앉은 유지매미.

유지매미

매미과

크기 34~36mm
나타나는 때 6~9월
겨울나기 애벌레

전국의 낮은 산지부터 관찰된다. 몸은 검은색이며, 배 부분에 흰 가루가 덮였다. 겉날개는 흑갈색이고 얼룩덜룩하며, 갓 태어난 개체일수록 날개맥에 녹색이 뚜렷하다. 속날개는 적갈색이다. 어른벌레는 불빛에도 잘 날아든다.

o 볕이 잘 드는 나무에 앉은 애매미 수컷.

애매미

전국의 도심이나 낮은 산지에서 관찰된다. 몸은 푸른 빛이 도는 검은색이며, 갓 나온 개체들은 금색 가루로 덮였다. 겉날개와 속날개 모두 투명하다. 6월 말부터 많이 나타난다. 암컷은 산란관이 뾰족하게 나와 수컷과 구별된다.

매미과

크기 26~30mm
나타나는 때 6~9월
겨울나기 애벌레

o 배 끝 부분에 흰 무늬가 있는 쓰름매미.

매미과

크기 28~31mm
나타나는 때 7~8월
겨울나기 애벌레

쓰름매미

도심이나 낮은 산지에서 주로 관찰된다. 애매미와 비슷하게 생겼으나 몸이 좀더 크고 굵으며, 배 끝 부분에 흰 띠가 있다. 수컷은 배딱지가 유난히 넓고 길다.

o 도심의 벚나무에 붙어 있는 참매미.

참매미

전국의 도심이나 낮은 산지에서 관찰된다. 굵고 뚱뚱한 몸은 녹색과 푸른색이 뒤섞였으며, 배를 중심으로 흰 가루가 덮였다. 7월에 많이 나타나고, 도심에서 시끄럽게 울어 문제가 되기도 한다.

매미과
크기 33~36mm
나타나는 때 6~9월
겨울나기 애벌레

o 어른벌레가 된 지 오래 되지 않은 말매미. 금색 가루가 덮였다.

매미과

크기 40~45mm
나타나는 때 6~9월
겨울나기 애벌레

말매미

전국의 도심이나 낮은 산지에서 관찰된다. 검은 몸에 금색 가루가 덮였고, 겉날개와 속날개 모두 투명하다. 우리 나라 매미 중 가장 크고 힘이 세며, 울음소리도 시끄럽다. 도심에서 떼로 모여 울어 댄다.

◦ 불빛 아래 나무에 날아온 소요산매미.

소요산매미

낮은 산지부터 관찰된다. 몸은 갈색이며, 빛을 통해 보면 배 부분이 반투명한 느낌이 든다. 암컷은 수컷보다 작고, 산란관이 길게 나왔다. 어른벌레는 불빛에 잘 날아온다.

매미과

크기 20~26mm
나타나는 때 6~9월
겨울나기 애벌레

o 불빛에 이끌려 날아온 참깽깽매미. 몸빛이 화려하다.

매미과

크기 36~38mm
나타나는 때 7~9월
겨울나기 애벌레

참깽깽매미

높은 산지에서 주로 관찰된다. 몸은 흑갈색이며, 가슴에 노란색 무늬가 있다. 겉날개와 속날개 모두 투명하고, 갓 나온 개체일수록 날개 윗부분 날개맥의 녹색이 뚜렷하다. 힘없는 울음소리를 낸다. 어른벌레는 바늘잎나무의 가지에 거꾸로 매달린다.

o 무덤가에서 만난 풀매미.

풀매미

풀밭이나 관리되지 않은 무덤에서 주로 관찰된다. 몸이 매우 작고, 검은색부터 녹색까지 다양하다. 5월 말부터 풀잎이나 줄기에 앉아서 운다. 암컷은 식물의 줄기에 알을 낳는다.

매미과

크기 16~18mm
나타나는 때 5~8월
겨울나기 애벌레

o 양버즘나무 껍질 아래에서 떼로 겨울을 난다.

방패벌레과

크기 3~3.2mm
나타나는 때 4~9월
겨울나기 어른벌레

버즘나무방패벌레

도심에 가로수로 심은 양버즘나무에서 흔히 관찰된다. 몸은 희고 반투명하다. 봄에 양버즘나무 잎이 자라면 나타나서 즙을 빨아 피해를 주고, 가을이 되면 양버즘나무 껍질 아래로 들어가서 무리지어 겨울을 난다.

o 참나무 종류 잎 뒷면에서 짝짓기 중이다.

끝검은말매미충

전국의 풀밭이나 낮은 산지에서 주로 관찰된다. 몸은 노란색이며 머리와 가슴에 파란 점이 퍼져 있고, 날개 끝 부분에도 무늬가 있다. 이른 봄부터 다양한 풀 줄기나 잎 뒷면에서 보이고, 어른벌레는 나뭇잎이나 나무껍질 아래에서 겨울을 난다.

매미충과

크기 11~14mm
나타나는 때 4~10월
겨울나기 어른벌레

○ 불빛 주변의 나무에 붙어 있다.

큰날개매미충과

크기 6~8mm
나타나는 때 6~9월
겨울나기 알

일본날개매미충

전국의 낮은 산지 주변에서 관찰된다. 몸과 날개가 삼각형처럼 보이며, 날개는 반투명한 갈색이다. 병꽃나무, 사과나무, 배나무 등의 나뭇진을 먹고, 알 형태로 겨울을 난다.

○ 가죽나무에 무리지어 붙어 있는 꽃매미.(위)
○ 흰 점이 퍼져 있는 애벌레.(아래)

꽃매미

도심의 공원이나 포도 과수원에서 주로 관찰된다. 겉날개는 점이 있는 회갈색이고, 속날개는 진한 빨간색과 검은색 무늬가 있다. 2006년부터 많이 나타나서 포도 과수원에 큰 피해를 주었다. 도심의 가죽나무나 덩굴 식물에도 자주 보인다.

꽃매미과

크기 14~15mm
나타나는 때 7~11월
겨울나기 알

잠자리 무리

알-애벌레-어른벌레를 거쳐 불완전탈바꿈 하는 무리다. 일반적으로 애벌레 때는 물 속에서 보내고, 어른벌레가 되면 하늘을 날아다닌다. 하지만 청정 지역의 산 속 계곡, 물 흐름이 빠른 곳과 느린 곳, 웅덩이, 논, 습지 등 종류마다 사는 환경이 다르다. 애벌레는 물 속 낙엽층이나 흙에 숨었다가 날카롭고 튀어나온 턱으로 다양한 생물을 잡아먹는 물 속의 사냥꾼이며, 어른벌레는 큰 겹눈과 튼튼한 가슴 근육, 가는 배, 빠른 비행에 적합한 날개를 갖춘 땅 위의 사냥꾼이다. 이 무리는 암컷과 수컷의 몸빛이 다르고, 갓 어른벌레가 되었을 때(미성숙)와 짝짓기 할 때(성숙)의 몸빛이 다르다.

o 물가에서 흔히 보인다.

검은물잠자리

전국의 계곡에서 관찰된다. 가늘고 길쭉한 배는 녹색 광택이 나고, 나머지 부분은 검다. 애벌레가 그리 깨끗하지 않은 물에서도 살기 때문에 물이 흐르는 곳이면 흔히 볼 수 있다. 비슷한 종으로 물잠자리가 있는데, 검은물잠자리보다 깨끗한 물에서 산다.

물잠자리과

크기 60~62mm
나타나는 때 5~9월
겨울나기 애벌레

o 습지 주변의 풀에서 쉰다.

실잠자리과

크기 30~34mm
나타나는 때 5~9월
겨울나기 애벌레

참실잠자리

연못이나 강, 시내, 농사짓지 않는 논에서 주로 관찰된다. 짙은 파란색 몸에 검은 띠가 일정한 간격으로 나타나다가 배 끝 부분 마디 위쪽으로는 연속해서 검은 무늬가 있다. 아주 흔한 종으로 개체 수가 많고, 암컷은 수생 식물 조직 속에 알을 낳는다.

o 풀 줄기에 붙어 짝짓기 한다.

아시아실잠자리

전국의 연못이나 강, 시내, 습지 등에서 관찰된다. 짝짓기 할 때가 된 수컷은 푸른빛을 띠고, 암컷은 녹색을 띠며 크기가 작다. 등가슴 가운데 부분은 굵고 검은 줄무늬가 선명하다. 사는 곳에서 많은 개체를 볼 수 있으며, 암컷은 식물 조직 속에 알을 낳는다.

실잠자리과

크기 24~30mm
나타나는 때 4~10월
겨울나기 애벌레

o 습지를 낮게 날아다니며 짝짓기 한다.

노란실잠자리

실잠자리과

크기 38~42mm
나타나는 때 6~9월
겨울나기 애벌레

6월부터 전국의 연못, 습지, 농사짓지 않는 논 등에서 관찰된다. 몸이 노란색인데 수컷은 배 끝 부분에 검은 무늬가 있고, 암컷은 짝짓기 할 때가 되면 연한 녹색으로 바뀐다. 낮에는 사는 곳 주변의 풀 줄기에 앉아 쉰다.

o 마른 가지에 앉으면 구별하기 힘들다.

묵은실잠자리

전국의 연못이나 습지 주변에서 관찰된다. 몸은 갈색으로 죽은 갈대나 나뭇가지 색과 비슷하다. 가슴 옆면에 짙은 갈색 가로줄 무늬가 있다. 잠자리는 대부분 애벌레 상태로 물 속에서 겨울을 나는데, 묵은실잠자리는 습도가 어느 정도 유지되는 곳의 식물 줄기나 나무가 쌓인 곳에서 어른벌레로 겨울을 난다.

청실잠자리과

크기 34~38mm
나타나는 때 1~12월
겨울나기 어른벌레

o 수컷의 다리가 특이하다.

방울실잠자리

방울실잠자리과

크기 34~38mm
나타나는 때 5~10월
겨울나기 애벌레

전국의 연못이나 강, 시내에서 관찰된다. 수컷의 가운뎃다리와 뒷다리의 종아리마디에 희고 넓적하게 발달한 부분이 방울처럼 보인다고 해서 붙은 이름이다. 암컷은 물에 떠다니는 풀의 줄기와 잎에 알을 낳는다.

o 알을 낳는 왕잠자리 한 쌍.

왕잠자리

전국의 연못이나 웅덩이에서 흔히 관찰된다. 암수 모두 가슴이 녹색인데, 수컷은 녹색 아래로 하늘색 무늬가 있다. 암컷은 배가 갈색이다. 수컷은 사는 곳의 가장자리를 날아다니며 경계 활동을 한다. 암컷은 식물 조직 속에 알을 낳는다.

왕잠자리과

크기 64~70mm
나타나는 때 7~10월
겨울나기 애벌레

◦ 웅덩이 주변을 날아다니며 영역을 지킨다.

먹줄왕잠자리

왕잠자리과

크기 60~70mm
나타나는 때 4~9월
겨울나기 애벌레

연못이나 웅덩이에서 관찰된다. 눈이 파란색이고, 녹색 가슴 아래로 파란 무늬가 있다. 배는 검은색이며, 둥글고 파란 무늬가 퍼져 있다. 웅덩이 가장자리를 날아다니며 경계 활동을 하고, 암컷은 식물 조직 속에 알을 낳는다.

o 배에 긴 줄무늬가 있다.

긴무늬왕잠자리

연못이나 습지 등에서 주로 관찰된다. 배의 옆면을 따라 배 끝까지 긴 줄무늬가 있어서 붙은 이름이다. 갈대나 부들 등 수생 식물이 많은 곳에서 자주 보이며, 아침과 저녁 무렵에 활발히 활동한다. 암컷은 식물 줄기에 알을 낳는다.

왕잠자리과

크기 62~68mm
나타나는 때 5~8월
겨울나기 애벌레

o 볕을 쬐는 쇠측범잠자리.

측범잠자리과

크기 40~44mm
나타나는 때 4~6월
겨울나기 애벌레

쇠측범잠자리

전국의 깨끗한 강과 시내에서 주로 관찰된다. 몸은 노란색이며, 등가슴에 'ㅅ'자 무늬가 있다. 측범잠자리 중 작고, 4월부터 등산로나 양지바른 곳에서 볕을 쬐는 어른벌레가 보인다. 암컷은 깨끗한 계곡에 알을 낳고, 애벌레는 쌓인 모래 속에 몸을 숨기고 산다.

○ 알을 낳기 위해 몸을 수직으로 세운 암컷.

장수잠자리

전국 산지의 작은 계곡에서 관찰된다. 우리 나라에서 가장 큰 잠자리다. 덩치와 맞지 않게 산 속에 바닥이 드러날 정도로 얕은 물이 흐르는 곳에서 보인다. 암컷은 몸을 수직으로 세우고 배를 땅에 찍으며 알을 낳는다. 알에서 어른벌레가 되기까지 3~4년 걸린다.

장수잠자리과

크기 90~105mm
나타나는 때 6~9월
겨울나기 애벌레

○ 날개에 특이한 무늬가 있다.

잠자리과

크기 40~44mm
나타나는 때 4~6월
겨울나기 애벌레

넉점박이잠자리

4월부터 전국의 연못이나 습지에서 주로 관찰된다. 몸은 갈색이고, 투명한 날개에 짙은 갈색 점 무늬가 있다. 노란색 배는 중앙으로 갈색 무늬가 있고, 배 끝으로 갈수록 검은색을 띤다.

o 마른 가지에 앉아서 쉬는 밀잠자리.

밀잠자리

4월부터 전국의 논이나 연못, 습지 등에서 관찰된다. 애벌레는 도심 주변 더러운 물에서도 자주 보인다. 배가 날씬하고 길다. 수컷은 배 부분이 푸른빛이 나고, 암컷은 갈색이다. 암컷은 수컷의 산란 경호를 받으며 배 끝으로 수면을 치듯이 알을 낳는다.

잠자리과

크기 48~54mm
나타나는 때 4~10월
겨울나기 애벌레

o 알을 낳으려는 암컷과 산란 경호하는 수컷.

잠자리과

크기 51~53mm
나타나는 때 6~9월
겨울나기 애벌레

큰밀잠자리

전국의 연못이나 습지, 논에서 관찰된다. 암컷과 수컷은 날개돋이 한 지 오래 되지 않았을 때는 노란색이지만, 수컷은 시간이 지나면서 검푸른 빛을 띤다. 암컷은 물을 튀기듯 알을 낳는데, 이 때 수컷이 주변에서 산란 경호하는 모습을 볼 수 있다.

o 배가 유난히 넓적하다.

배치레잠자리

4월부터 전국의 연못이나 습지에서 관찰된다. 몸이 굵고 짧으며, 특히 배 부분이 넓적하다. 짝짓기 할 때가 된 수컷은 전체적으로 검푸르고, 암컷은 황갈색이다. 애벌레는 진흙이 있는 습지나 웅덩이에 산다.

잠자리과

크기 34~38mm
나타나는 때 4~9월
겨울나기 애벌레

o 수컷(위)
o 암컷(아래)

잠자리과

크기 17~19mm
나타나는 때 5~8월
겨울나기 애벌레

한국꼬마잠자리

5월부터 농사짓지 않는 논이나 산 속의 습지에서 주로 관찰된다. 몸이 2cm가 되지 않을 정도로 작다. 수컷은 빨간색이고 암컷은 적갈색이며, 배마디마다 노란 줄무늬가 있는 것처럼 보인다. 습지 주변에서 아주 낮게 날아다닌다. 멸종 위기 야생 생물 2급으로 지정·보호된다.

o 온몸이 익은 고추처럼 빨갛다.

고추잠자리

5월부터 연못이나 습지, 웅덩이에서 주로 관찰된다. 수컷은 짝짓기 할 때가 되면 온몸이 빨간 고추 같다고 하여 붙은 이름이다. 낮에는 풀 줄기에 앉아 볕을 쬔다. 암컷은 수생 식물이 있는 곳에서 날아다니며 배 끝으로 수면을 치듯이 알을 낳는다.

잠자리과
크기 44~48mm
나타나는 때 5~9월
겨울나기 애벌레

o 볕을 쬔다.

잠자리과

크기 32~36mm
나타나는 때 7~11월
겨울나기 알

날개띠좀잠자리

전국의 연못이나 습지 주변에서 흔히 관찰된다. 날개 끝 부분에 넓고 굵은 띠가 있다. 짝짓기 할 때가 되면 수컷은 붉은색을 띠고, 암컷은 갈색이다. 여러 마리가 함께 앉아 있는 모습이 자주 보인다. 암컷은 진흙이나 모래에 배 끝으로 표면을 치듯이 알을 낳는다.

o 볕을 쬔다. 기온이 오를수록 배를 높이 치켜든다.

두점박이좀잠자리

전국의 습지나 연못, 강과 시내에서 쉽게 관찰된다. 얼굴에 검은 점이 두 개 있어서 붙은 이름이다. 짝짓기 할 때가 되면 수컷은 붉은색을 띠고, 암컷은 갈색이나 붉은색을 띠는 개체도 있다. 11월까지 보이며, 암컷은 진흙이나 모래에 배 끝으로 표면을 치듯이 알을 낳는다.

잠자리과

크기 30~38mm
나타나는 때 6~11월
겨울나기 알

o 습지 주변에서 만난 애기좀잠자리.

잠자리과

크기 30~34mm
나타나는 때 7~11월
겨울나기 알

애기좀잠자리

전국의 논이나 연못, 습지에서 관찰된다. 몸이 작은 편이고, 등가슴에 굵고 진한 검은색 줄이 있다. 짝짓기 할 때가 되면 수컷은 빨간색이고, 암컷은 갈색이다. 암컷은 물가의 퇴적층에 배 끝으로 표면을 치듯이 알을 낳는다. 알 상태로 겨울을 난다.

○ 풀 줄기에 앉아 쉬는 된장잠자리.

된장잠자리

전국의 도심부터 연못, 강과 시내, 습지 등 다양한 곳에서 관찰된다. 몸이 된장과 비슷한 색이라 붙은 이름이다. 7~8월 한참 무더울 때 도심이나 습지 주변의 하늘을 뒤덮을 정도로 나타나기도 한다.

잠자리과

크기 37~42mm
나타나는 때 4~10월
겨울나기 애벌레

o 배에 흰 띠가 수컷의 특징이다.

잠자리과

크기 36~42mm
나타나는 때 5~9월
겨울나기 애벌레

노란허리잠자리

전국의 연못이나 강과 시내에서 관찰된다. 어른벌레의 3~4번째 배마디가 노란색이어서 붙은 이름이다. 날개 돋이 한 지 오래 되지 않았을 때는 암수 모두 노란색이지만, 시간이 지나면 수컷은 흰색으로 변한다. 암컷은 수생 식물의 그늘 아래로 날아다니며 물 위에 떠 있는 풀 줄기 등에 붙이는 방법으로 알을 낳는다.

메뚜기 무리

알-애벌레-어른벌레를 거쳐 불완전탈바꿈 하는 무리다. 길쭉한 몸에 높고 멀리 뛰어오를 수 있는 길고 튼튼한 뒷다리가 특징이다. 풀이 많은 곳에 주로 살며, 습지 주변 높은 산에서 적응한 종도 있다. 메뚜기, 여치, 귀뚜라미 등이 이 무리에 속한다. 낮에 활동하는 메뚜기와 여치 등은 몸이 풀과 같은 녹색을 띠는 종이 많고, 밤에 활동하는 귀뚜라미 등은 흙색이나 검은색을 띠는 종이 많다. 수컷보다 암컷이 큰 편이며, 수컷 중에는 다리나 날개를 이용해서 아름다운 소리를 내는 종이 있다.

○ 참나무 나뭇진을 먹으러 온 갈색여치.

갈색여치

전국의 낮은 산지부터 관찰된다. 수컷은 흑갈색을 띠고, 암컷은 옅은 갈색이다. 날개가 매우 짧고, 암컷은 수컷보다 짧다. 덩굴 식물 잎이나 나무에도 잘 붙어 있다. 낮과 밤 모두 활동하고 잡식성이다. 포도 농가에 큰 피해를 주는 곤충으로 알려졌다.

여치과

크기 25~32mm
나타나는 때 7~10월
겨울나기 알

o 앞다리의 가시가 날카롭다.

여치과

크기 32~40mm
나타나는 때 7~10월
겨울나기 알

베짱이

전국의 도심이나 낮은 산지부터 관찰된다. 몸은 녹색이고, 머리 위쪽에서 가슴까지 적갈색 무늬가 있다. 앞다리 종아리마디에 길고 날카로운 가시들이 발달했다. 암컷은 산란관이 넓고 뾰족한 칼 모양이다. 낮에 주로 날아다니며, 잎이 넓은 식물 위에서 쉬거나 먹이 활동을 한다.

o 뒷다리 종아리마디부터 검다.

검은다리실베짱이

전국의 낮은 산지부터 흔히 관찰되며, 어둡고 습한 곳에서 많이 보인다. 몸은 짙은 녹색이고, 청색 눈이 튀어나왔다. 날개끼리 닿는 부분은 적갈색이다. 잡식성이고 낮에 많이 활동하며, 잎이 넓은 식물 위에서 볕을 쬐는 모습을 자주 볼 수 있다.

여치과

크기 30~36mm
나타나는 때 8~11월
겨울나기 알

o 날개에 무늬가 뚜렷하다.

여치과

크기 35~50mm
나타나는 때 7~10월
겨울나기 알

큰실베짱이

전국의 낮은 산지부터 관찰된다. 몸은 녹색이며, 날개 맥에 따라 적색이 있어 그물 무늬처럼 보인다. 낮에 주로 활동하며, 나뭇잎 위에서 볕을 쬐는 모습을 볼 수 있다. 볕을 받는 면적을 넓히기 위해 드러눕는 듯한 행동도 한다.

o 풀 줄기에 매달렸다.

꼬마여치베짱이

남부 지방의 섬이나 바닷가 넓은 풀밭에서 관찰된다. 몸은 갈색을 띠며, 머리는 뾰족하게 튀어나왔다. 밤이 되면 풀이나 나무에 올라와 크게 운다. 일반적인 메뚜기나 여치와 달리 어른벌레로 겨울을 난다.

여치과

크기 43~50mm
나타나는 때 1~12월
겨울나기 어른벌레

o 나뭇잎에서 쉰다. 바닥에 축 처진 더듬이가 매우 길다.

여치과

크기 45~58mm
나타나는 때 7~10월
겨울나기 알

날베짱이

전국의 낮은 산지부터 관찰되며, 계곡 주변의 풀밭에서 많이 보인다. 몸은 녹색이며, 더듬이와 앞다리의 넓적다리마디에 붉은 기가 있다. 낮과 밤 모두 활발히 활동하며, 불빛에도 잘 날아온다.

o 소리내어 우는 수컷.

철써기

남부 지방 바닷가나 물가 주변의 풀밭에서 주로 관찰된다. 몸은 갈색이나 녹색이며, 날개가 넓적하다. 해가 지고 어두워지면 사는 곳에서 울어 대는데, 그 주변에 차를 타고 지나가도 들릴 정도로 소리가 크다.

여치과

크기 44~60mm
나타나는 때 8~10월
겨울나기 알

o 산란관이 몸보다 길다.

여치과

크기 25~32mm
나타나는 때 7~10월
겨울나기 알

긴꼬리쌕쌔기

전국의 풀밭, 낮은 산지, 강가나 논밭 주변 등 탁 트인 풀밭에서 흔히 관찰된다. 몸은 녹색이나 갈색이고, 눈 뒤쪽으로 흰 줄이 있다. 풀 줄기를 붙잡고 앉아 있기 좋아하며, '칫-칫-칫-' 소리내며 운다. 암컷은 산란관이 몸보다 길다.

o 위험을 느끼면 대나무 가지 뒤로 숨는다.

대나무쌕쌔기

남부 지방 일부 지역의 대나무 숲에서 관찰된다. 애벌레와 어른벌레 모두 대나무를 먹는다. 몸은 녹색이나 갈색이며, 날개가 배보다 긴 개체도 있다. 수컷은 대나무 가지 위에서 밤낮없이 운다.

여치과

크기 17~18mm
나타나는 때 8~10월
겨울나기 알

o 가로등 불빛 주변의 나무 아래에서 만난 암컷.

여치과

크기 8~14mm
나타나는 때 7~10월
겨울나기 알

민어리쌕쌔기

남부 지방의 그늘 진 숲 속이나 풀밭에서 관찰된다. 몸은 녹색이며 앞가슴등판에 갈색 무늬가 있다. 어른벌레가 되어도 수컷은 보이지 않을 정도로 짧은 날개가 있고, 암컷은 없다. 개체 수가 많지 않은 종이라 발견하기 힘들다.

o 불빛 주변에 날아왔다.

등줄어리쌕쌔기

전국의 낮은 산지부터 관찰된다. 몸은 밝은 녹색이며, 머리와 가슴 위쪽으로 노란 무늬가 있다. 그늘 진 곳에서 자주 보이고, 밤에 숲 속 가로등 주변에도 잘 날아온다.

여치과

크기 21~24mm
나타나는 때 8~10월
겨울나기 알

o 불빛 주변에서 만난 갈색형 암컷.

여치과

크기 40~55mm
나타나는 때 7~10월
겨울나기 알

매부리

전국의 풀밭이나 습지 주변 등에서 흔히 관찰된다. 몸은 녹색이나 갈색이며, 눈에 희미한 줄무늬가 있다. 머리는 약간 뾰족하다. 암컷은 산란관이 뒷다리 길이와 비슷하며, 곧고 뾰족하다. 수컷은 밤이 되면 '지이~' 하며 운다.

o 생김새가 꼽등이를 닮았다.

민어리여치

낮은 산지부터 관찰된다. 몸은 밝은 갈색이며, 날개가 없어 꼽등이와 닮았다. 낮에는 넓은잎나무 잎 속에 숨고, 숲 속의 나뭇잎 위나 가로등 불빛 주변에서 자주 보인다. 날카로운 가시가 발달한 앞다리를 이용해서 작은 나방이나 곤충을 잡아먹는다.

어리여치과
크기 13~18mm **나타나는 때** 6~8월 **겨울나기** 애벌레

o 사냥하러 참나무에 온 수컷.

어리여치과

크기 28~45mm
나타나는 때 6~8월
겨울나기 애벌레

어리여치

남부 지방에서 주로 관찰된다. 몸은 녹색이며 약간 투명한 느낌이다. 더듬이가 매우 길고, 숲 속에서 생활한다. 낮에는 넓은잎나무의 잎을 말아 그 속에 숨는다. 넓은잎나무나 가로등 불빛 주변에서 보이며, 다양한 곤충을 잡아먹는다. 사나운 편이고, 위험을 느끼면 날개를 펼치고 위협한다.

○ 고산 지대의 숲 속에서 만났다.

산꼽등이

높은 산지에서 주로 관찰된다. 흑갈색 몸에 검은 무늬가 얼룩덜룩하다. 다른 꼽등이처럼 등이 높이 솟은 형태가 아니며, 다리가 굵고 짧다. 낮에는 어두운 곳에 숨었다가 밤이 되면 활동한다. 다양한 나무껍질 아래나 틈에서 애벌레로 겨울을 난다.

꼽등이과

크기 16~22mm
나타나는 때 7~9월
겨울나기 애벌레

o 습한 흙벽을 좋아한다.

꼽등이과

크기 18~21mm
나타나는 때 7~9월
겨울나기 애벌레

꼽등이

전국의 도심 주변부터 낮은 산지까지 넓게 관찰된다. 몸은 광택이 나는 밝은 갈색이며, 마디가 겹치는 부분이 검은 띠처럼 보인다. 낮에는 습하고 어두운 곳에 무리지어 숨었다가 밤이 되면 나와서 먹이 활동을 한다.

o 검고 광택이 나는 가슴이 특징이다.

장수꼽등이

낮은 산지부터 관찰된다. 몸은 광택이 나는 흑갈색이다. 어른벌레가 되면 앞가슴등판이 진한 흑색을 띠고, 눈 아래로 검은 세로줄 무늬가 있다. 낮에는 습하고 어두운 곳에 숨었다가 밤이 되면 숲 바닥에 있는 죽은 곤충이나 동물을 뜯어 먹는다.

꼽등이과

크기 14~22mm
나타나는 때 7~9월
겨울나기 알

o 몸이 검고, 습한 곳에서 관찰된다.

꼽등이과

크기 10~15mm
나타나는 때 7~9월
겨울나기 알

검정꼽등이

낮은 산지부터 관찰된다. 몸은 검은색을 띠고, 다리는 황갈색이다. 애벌레 때는 앞가슴등판에 붉은 무늬가 나타난다. 낮에는 습하고 어두운 곳에 숨었다가 밤이 되면 나와서 죽은 곤충이나 동물을 뜯어 먹는다.

○ 밤에 숲 속에서 흔히 보인다.

왕귀뚜라미

전국의 도심이나 낮은 산지에서 폭넓게 관찰된다. 몸은 흑갈색이며, 크고 둥근 머리는 광택이 난다. 눈 위쪽으로 흰 줄무늬가 선명하다. 수컷은 땅에 구멍을 파고 그 속에서 소리내어 암컷을 유혹한다. 밤이 되면 길바닥에 죽은 곤충이나 동물을 뜯어 먹는다.

귀뚜라미과

크기 26~40mm
나타나는 때 8~11월
겨울나기 알

o 종아리마디부터 주황색이다.

곰방울벌레

귀뚜라미과

크기 8~11mm
나타나는 때 8~10월
겨울나기 알

남부 지방의 낮은 산지부터 주로 관찰된다. 몸은 검고 납작하다. 더듬이는 검은색이고 가운데 부분이 흰색을 띠며, 다리도 검지만 종아리마디부터 주황색을 띤다. 낮에는 낙엽 밑에 숨었다가 밤이 되면 소리내어 운다.

o 돌담 사이에서 아름다운 소리를 내는 수컷.

방울벌레

전국의 낮은 산 주변에 있는 집이나 밭의 돌담 등에서 주로 관찰된다. 몸은 검은색이며, 더듬이는 희고 길다. 밤이 되면 돌담 사이에 몸을 숨기고 날개를 들어올린 채 마찰을 일으켜서 내는 소리로 암컷을 유혹한다.

귀뚜라미과

크기 17~25mm
나타나는 때 8~10월
겨울나기 알

o 녹색을 띠는 청솔귀뚜라미.

귀뚜라미과

크기 23~28mm
나타나는 때 8~10월
겨울나기 알

청솔귀뚜라미

남부 지방에서 주로 관찰된다. 일반적인 귀뚜라미와 달리 녹색이며, 눈 뒤쪽부터 배 끝까지 노란 줄무늬가 있다. 낮에는 보기 힘들고, 밤이 되면 도심의 조경수나 과수원의 나무 위에서 운다. 어른벌레는 넓은잎나무의 잎을 갉아 먹는다.

○ 낮에 어두운 곳에서 돌아다니기도 한다.

풀종다리

낮은 산지부터 주로 관찰된다. 몸은 거무튀튀하고, 날개는 갈색을 띤다. 날개맥이 발달하여 그물 무늬처럼 보인다. 숲 속의 나뭇잎 위나 나뭇가지 사이를 잘 돌아다닌다. 낮과 밤 모두 활발하게 움직인다.

귀뚜라미과

크기 7~8mm
나타나는 때 8~10월
겨울나기 알

○ 불빛을 보고 날아온 땅강아지.(위)
○ 땅을 파기 좋게 생긴 앞다리.(아래)

땅강아지과

크기 30~35mm
나타나는 때 5~10월
겨울나기 애벌레,
　　　　　어른벌레

땅강아지

전국의 강가, 풀밭, 낮은 산지 등에서 관찰된다. 몸은 갈색이며, 짧은 털로 덮였다. 날개맥에 검은 무늬가 있다. 앞다리는 땅을 파기 좋게 넓적하고, 날카로운 톱날처럼 발달했다. 땅 속에서 다양한 식물 뿌리를 갉아 먹고, 불빛에도 잘 날아온다.

o 짝짓기 하지 않아도 암수가 붙어 다닌다.

섬서구메뚜기

도심 아파트의 풀밭 주변부터 낮은 산지까지 흔히 관찰된다. 머리가 뾰족하고, 몸은 짧으며 녹색이나 갈색이다. 낮에 풀밭에서 암수가 붙어 다니는 모습이 자주 보인다. 암수는 오랫동안 짝짓기를 하고, 어른벌레는 다양한 식물을 먹는다.

섬서구메뚜기과

크기 20~42mm
나타나는 때 6~11월
겨울나기 알

o 땅강아지를 줄여 놓은 모습이다.

좁쌀메뚜기과

크기 4~5mm
나타나는 때 3~11월
겨울나기 어른벌레

좁쌀메뚜기

전국의 습지 주변에서 주로 관찰된다. 몸은 검은색이며, 땅강아지와 닮았다. 뒷다리가 매우 크고, 앞다리는 땅을 파기에 적합하다. 진흙이나 습지 주변에서 땅을 파고 집을 짓는다. 어른벌레는 헤엄도 잘 치며, 땅속에서 겨울을 난다.

o 위험을 느끼자 물 속으로 뛰어들어 나오지 않는다.

가시모메뚜기

논밭이나 습지에서 관찰되며, 물이 있는 곳 주변에서 많이 보인다. 앞가슴등판 옆면으로 뾰족한 가시가 한 쌍 있어서 붙은 이름이다. 몸은 연두색이나 갈색, 검은색이다. 위험을 느끼면 물 속으로 뛰어들어 헤엄치거나, 꽤 오래 나오지 않는다.

모메뚜기과
크기 16~21mm
나타나는 때 1~12월
겨울나기 어른벌레

o 얼룩무늬가 있는 모메뚜기.

모메뚜기과

크기 7~11mm
나타나는 때 3~11월
겨울나기 애벌레,
　　　　　어른벌레

모메뚜기

이른 봄부터 전국의 양지바른 풀밭, 논밭, 낮은 산지에서 관찰된다. 아주 작은 메뚜기로, 내려다보면 마름모꼴이다. 몸은 갈색이지만, 환경에 따라 변이가 다양하다. 어른벌레는 낙엽, 이끼 등을 먹는다.

o 날개가 없고 뚱뚱하다.

뚱보주름메뚜기

땅이 메마르고 기름지지 않은 일부 지역에서 관찰된다. 몸은 짧고 뚱뚱하며, 회색이나 갈색을 띤다. 암수 모두 날개가 거의 퇴화되어 날지 못한다. 특정한 환경에서 살기 때문에 개체 수가 많지 않다. 낮에 볕을 쬐는 모습이 보이지만, 보호색을 띠어 찾기 힘들다.

주름메뚜기과
크기 28~49mm
나타나는 때 5~7월
겨울나기 알

o 벼에 붙어 있는 벼메뚜기.

메뚜기과

크기 21.5~35.7mm
나타나는 때 8~10월
겨울나기 알

우리벼메뚜기

전국의 논에서 흔히 볼 수 있다. 주로 벼과 식물을 먹고, 가을걷이 때 벼에 붙어 있어서 붙은 이름이다. 눈 뒤쪽부터 날개 끝까지 굵고 검은 띠가 이어진다. 예전에는 흔했지만, 요즘은 농약으로 인해 개체 수가 많이 줄었다.

○ 눈 아래로 눈물 자국 같은 줄무늬가 있다.(위)
○ 애벌레도 눈물 자국이 선명하다.(아래)

각시메뚜기

남부 지방의 풀밭이나 낮은 산지에서 주로 관찰된다. 갈색 몸에 머리 위부터 날개 끝까지 노란 띠가 있고, 눈 아래로는 검고 굵은 세로줄이 있다. 요즘에는 충청 지역에서도 종종 관찰된다.

메뚜기과

크기 50~70mm
나타나는 때 9월~이듬해 5월
겨울나기 어른벌레

- 나뭇잎 위에서 볕을 쬔다.(위)
- 눈에 있는 무늬가 특이하다.(아래)

메뚜기과

크기 27~50mm
나타나는 때 8~10월
겨울나기 알

등검은메뚜기

전국의 풀밭, 낮은 산지에서 관찰된다. 앞가슴등판에 크고 검은 무늬가 있어서 붙은 이름이다. 몸은 적갈색이고, 눈을 자세히 보면 가는 세로줄 무늬가 여러 개 있다. 낮에 주로 활동하며, 콩과 식물을 좋아한다.

o 풀 줄기에 앉기를 좋아한다.

삽사리

전국의 낮은 산지부터 관찰된다. 수컷은 누런색이고, 암컷은 회색이다. 머리가 뾰족하고 약간 비스듬하게 튀어나왔다. 날개가 짧아 수컷은 배를 끝까지 덮지 못하고, 암컷은 배가 다 드러난다. 양지바른 무덤가나 풀밭에서 자주 보이고, 수컷은 낮에 식물에 매달려서 앞날개와 뒷다리를 비비며 소리를 낸다.

메뚜기과

크기 20~30mm
나타나는 때 6~8월
겨울나기 알

○ 염전 주변에서 많이 보인다.

메뚜기과

크기 14~29mm
나타나는 때 7~11월
겨울나기 알

발톱메뚜기

섬, 갯벌, 바닷가 습지 등에서 관찰된다. 몸은 흑갈색이나, 수컷은 더듬이와 머리, 앞가슴등판이 자줏빛이다. 바닷가 주변의 붉은색 식물들과 보호색을 띠며 살아간다.

o 암컷과 수컷의 크기 차이가 엄청나다.

방아깨비

전국의 풀밭이나 도심의 공원에서 관찰된다. 몸은 녹색이나 갈색이고, 머리는 뾰족하다. 암수의 크기 차이가 많이 나고, 암컷은 뒷다리를 잡으면 방아 찧는 듯한 행동을 한다. 수컷은 '따따따따-' 큰 소리를 내며 날아간다.

메뚜기과

크기 암컷 70~80mm,
       수컷 40~50mm
나타나는 때 6~11월
겨울나기 알

○ 보호색을 띠는 강변메뚜기.

메뚜기과

크기 25~43mm
나타나는 때 7~9월
겨울나기 알

강변메뚜기

강가의 자갈과 모래가 섞인 지점에서 관찰된다. 몸은 회색이며, 사는 곳의 모래나 자갈과 비슷한 보호색을 띤다. 속날개는 푸른색이다. 해가 쨍쨍한 날 자갈과 모래 위를 돌아다닌다. 2008년부터 시작된 4대강 사업으로 강가가 훼손되어 사는 곳을 잃어 가는 메뚜기다.

o 가만히 있으면 찾기 힘들다.

콩중이

전국의 풀밭과 낮은 산지에서 흔히 관찰된다. 몸은 녹색이나 갈색이고, 앞가슴등판에 솟아오른 선이 뚜렷하다. 앞날개 중간 부분에 굵고 흰 띠가 있다. 낮에 활동하며, 벼과 식물을 먹는다.

메뚜기과

크기 35~65mm
나타나는 때 7~10월
겨울나기 알

o 짝짓기 중인 풀무치.

메뚜기과

크기 48~65mm
나타나는 때 6~11월
겨울나기 알

풀무치

전국의 풀밭이나 강가, 섬에서 주로 관찰된다. 몸은 녹색이나 갈색이다. 날개는 갈색이며, 검은색 얼룩덜룩한 무늬가 있다. 원래 큰 종류인데, 섬 지역에서는 훨씬 큰 개체들이 보인다. 다양한 식물을 먹는다.

o 가슴에 'X'자 무늬가 선명하다.

팥중이

전국의 풀밭이나 낮은 산지에서 흔히 관찰된다. 몸은 녹색이나 갈색이다. 콩중이와 헷갈릴 때가 많으나, 팥중이는 앞가슴등판에 'X'자 무늬가 있다. 뒷날개는 노란색이고, 검은 띠가 있다. 낮에 활발히 움직이며, 다양한 식물을 먹는다.

메뚜기과

크기 32~65mm
나타나는 때 7~10월
겨울나기 알

o 불빛 주변에서 먹이를 찾는다.(위)
o 날개 끝이 잘린 듯한 모양이다.(아래)

애기사마귀과

크기 25~36mm
나타나는 때 8~10월
겨울나기 알

애기사마귀

남부 지방에서 관찰된다. 크기가 작아서 붙은 이름이다. 몸은 녹색이나 갈색이고, 날개 끝 부분이 잘린 것처럼 일자다. 그늘 진 곳에 있는 나무에 숨는다. 작은 곤충을 잡아먹고, 밤이 되면 불빛 주변에도 잘 나타난다.

o 볕을 쬐는 좀사마귀.(위)
o 나무껍질 아래 만든 알집.(아래)

좀사마귀

전국의 풀밭이나 낮은 산지, 도심의 공원에서 흔히 관찰된다. 몸은 갈색이며, 드물게 녹색 개체도 있다. 앞다리 종아리마디에 검고 흰 무늬가 있다. 다양한 곤충을 잡아먹는다. 나무껍질 사이에 가늘고 긴 알집을 만든다.

사마귀과

크기 40~58mm
나타나는 때 8~10월
겨울나기 알

o 낮에는 먹이를 찾아다닌다.

사마귀과

크기 65~92mm
나타나는 때 8~11월
겨울나기 알

사마귀

전국의 도심 공원, 풀밭, 낮은 산지 등에서 폭넓게 관찰된다. 몸은 녹색이나 갈색이고, 위험을 느끼면 몸을 세운다. 앞가슴판 사이에 주황색 무늬가 있고, 뒷날개에는 옅은 갈색 무늬가 흩어져 있다. 나뭇가지에 약간 긴 알집을 만든다.

o 엄청나게 큰 왕사마귀.(위)
o 죽은 나무에 만든 알집.(아래)

왕사마귀

전국의 도심 공원, 풀밭, 낮은 산지 등에서 폭넓게 관찰된다. 우리 나라에서 가장 큰 사마귀다. 몸은 녹색이나 갈색이고, 보라색 뒷날개에 갈색 무늬가 흩어져 있다. 면적이 넓은 곳에 크고 넓적한 알집을 만든다.

사마귀과

크기 68~95mm
나타나는 때 7~11월
겨울나기 알

- 먹이 사냥에 성공했다.(위)
- 애벌레는 배를 들고 다닌다.(왼쪽)
- 나뭇가지에 만든 알집.(오른쪽)

사마귀과

크기 45~75mm
나타나는 때 8~10월
겨울나기 알

넓적배사마귀

남부 지방에서 주로 관찰된다. 몸은 짧고 넓적하며, 녹색이나 갈색이다. 앞날개 중간 부분 바깥쪽으로 흰 점이 있다. 애벌레는 배를 뒤집듯이 들고 다닌다. 나뭇가지에 볼록하고 푸른빛이 도는 알집을 만든다.

o 더듬이가 짧다.

대벌레

전국의 낮은 산지부터 관찰된다. 몸은 녹색이나 갈색이고, 막대처럼 길쭉하다. 더듬이가 짧고 날개가 없다. 낮과 밤에 모두 보이며, 다양한 넓은잎나무 잎을 먹는다.

대벌레과

크기 70~100mm
나타나는 때 6~10월
겨울나기 알

◦ 더듬이가 길다.

긴수염대벌레과

크기 70~95mm
나타나는 때 6~10월
겨울나기 알

긴수염대벌레

전국의 낮은 산지부터 관찰된다. 몸은 녹색이나 갈색이고, 녹색에 붉은 줄무늬가 나타나는 개체도 있다. 더듬이는 가늘고 길다. 낮과 밤에 모두 보이고, 낮에는 잎이 넓은 식물 위에서 관찰된다.

○ 볕을 쬐는 분홍날개대벌레 암컷.(위)
○ 알(왼쪽)
○ 분홍날개대벌레의 속날개.(오른쪽)

분홍날개대벌레

남부 지방의 낮은 산지부터 주로 관찰된다. 암컷은 몸이 녹색이고, 배를 반쯤 덮는 날개가 있다. 겉날개는 녹색이고, 속날개는 분홍색이다. 드물게 보이는 수컷은 몸이 적갈색이고, 날개가 배를 다 덮는다. 낮과 밤에 모두 관찰되며, 다양한 넓은잎나무의 잎을 먹는다.

날개대벌레과

크기 45~50mm
나타나는 때 7~10월
겨울나기 알

그 밖의 곤충들

곤충은 종류가 무척 많고 다양하다. 인간과 밀접한 관계가 있거나, 크고 화려하거나, 뛰어난 적응력으로 개체 수가 많은 곤충을 제외하면 우리가 평생 모르고 지나치는 곤충들이 많다. 아직까지 밝혀지지 않은 곤충들이 많으며, 관찰되지만 생태를 다 파악하지 못한 곤충들도 많다. 큰 무리를 제외한 이 곤충 무리는 더욱 그렇다. 이런 곤충들도 나름대로 특이한 생태로 자연에서 자기 역할을 하며 살아간다. 앞서 소개한 큰 무리에 포함되지 않는 곤충 무리다.

○ 썩은 넓은잎나무 속의 갑옷바퀴.

갑옷바퀴

고산 지대에서 관찰된다. 몸은 광택이 나는 검은색이고, 날개는 퇴화되어 없다. 썩은 나무에 굴을 내고 살며, 어른벌레와 애벌레가 같은 공간에서 집단으로 보인다. 갓 태어난 애벌레는 흰색이며, 어미 배 가장자리에서 나오는 액체를 먹고 자라면서 검은색이 된다.

갑옷바퀴과

크기 17~24mm
나타나는 때 1~12월
겨울나기 애벌레, 어른벌레

o 알집을 달고 다니는 암컷.

왕바퀴과

크기 20~30mm
나타나는 때 7~10월
겨울나기 애벌레

집바퀴

전국의 낮은 산지에서 주로 관찰된다. 납작한 몸은 광택이 나는 검은색이다. 수컷은 날개가 길어 배를 다 덮지만, 암컷은 배를 다 덮지 못하는 개체도 있다. 산에 있는 나무나 불빛 주변에서 자주 보인다.

o 도심의 골목길에서 만났다.

이질바퀴

전국의 도심 주변에서 흔히 관찰된다. 앞가슴등판은 밝은 갈색이며, 짙은 갈색 점 무늬가 한 쌍 있고, 날개는 적갈색이다. 민가 주변에서 생활하며, 음식물 찌꺼기를 먹는다. 따뜻한 실내에서는 1년 내내 보인다. 밤이 되면 가로등 근처 벽에서 기어다니고, 날기도 한다.

왕바퀴과

크기 35~43mm
나타나는 때 1~12월
겨울나기 애벌레, 어른벌레

o 가슴의 검은 줄무늬가 특징이다.

바퀴과

크기 11.5~14mm
나타나는 때 6~8월
겨울나기 애벌레

산바퀴

전국의 풀밭이나 낮은 산지에서 관찰된다. 몸은 밝은 갈색이며, 앞가슴등판에 굵고 검은 세로줄 무늬가 있다. 낮과 밤 모두 활발히 돌아다니고, 풀밭의 낙엽을 뒤집으면 쉽게 볼 수 있다.

o 가슴 부분부터 가장자리에 투명한 부분이 있다.

유리날개바퀴

제주도 풀밭 주변이나 습기가 있는 숲에서 주로 관찰된다. 몸은 투명한 느낌이다. 낙엽이 쌓인 곳에서 자주 보이고, 밤이 되면 가로등 주변에도 나타난다.

바퀴과

크기 7~11mm
나타나는 때 4~8월
겨울나기 애벌레

o 바닷가나 강가의 쓰레기 더미 아래 많다.

큰집게벌레과

크기 24~30mm
나타나는 때 4~10월
겨울나기 어른벌레

큰집게벌레

전국의 바닷가나 강가 모래밭에서 많이 관찰된다. 몸은 적갈색이고, 딱지날개는 황갈색이다. 수컷의 집게가 다른 집게벌레들보다 유난히 크다. 낮에는 바닷가나 강가의 돌, 바닷가에 떠내려온 나무, 쓰레기 아래 숨었다가 밤이 되면 나와서 활동한다.

o 집게가 몸에 비해 크고 위협적이다.

못뽑이집게벌레

전국의 낮은 산지부터 주로 관찰된다. 수컷의 집게가 못을 뽑을 때 쓰는 장도리와 닮아서 붙은 이름이다. 몸은 검은색에 가까운 빨간색이며, 다리는 황갈색이다. 낮에는 나무껍질이나 돌 밑에 숨었다가 밤이 되면 나와서 먹이를 찾아다닌다.

집게벌레과

크기 21~36mm
나타나는 때 4~10월
겨울나기 어른벌레

o 붉은 딱지날개가 특이하다.

집게벌레과

크기 15~22mm
나타나는 때 4~10월
겨울나기 어른벌레

고마로브집게벌레

전국의 풀밭이나 낮은 산지에서 많이 관찰된다. 몸은 검은색이고, 딱지날개는 암적색이다. 속날개가 매우 넓고 크며, 주황색과 갈색이다. 낮에 나뭇잎이나 풀잎 위에서 많이 볼 수 있다.

o 풀 줄기에 앉아 쉰다.

밑들이

낮은 산지부터 관찰된다. 주둥이가 새의 부리 모양이고, 배는 전갈처럼 위로 들렸다. 날개는 불투명한 회백색이며, 검은 띠가 있다. 낮에 나뭇잎이나 풀잎에 앉은 모습이 자주 보인다. 길쭉한 주둥이로 나방 애벌레를 잡아먹는다.

밑들이과

크기 12mm
나타나는 때 5~9월
겨울나기 애벌레

o 길쭉한 주둥이와 배 끝이 전갈처럼 생겼다.

밑들이과

크기 12~15mm
나타나는 때 5~8월
겨울나기 애벌레

참밑들이

낮은 산지부터 관찰된다. 몸은 노랗고, 날개에 검은색 무늬가 퍼져 있다. 수컷의 배가 들려서 붙은 이름이다. 수컷은 먹이를 잡아 암컷을 부르고, 암컷은 그것을 먹으며 짝짓기 한다.

o 계곡 주변의 바닥에서 만났다.

큰그물강도래

산지의 계곡 주변에서 관찰된다. 몸은 어두운 회색이며, 날개는 불투명한 회색에 검은 무늬가 있다. 날개맥을 따라 검은 무늬가 있어 그물 같다. 낮에는 계곡 주변 그늘의 풀에서 쉬는 모습이 보이고, 밤에는 불빛에 날아온다.

큰그물강도래과

크기 50~55mm
나타나는 때 4~8월
겨울나기 애벌레

o 불빛에 날아왔다.

강도래과

크기 25~30mm
나타나는 때 4~8월
겨울나기 애벌레

진강도래

전국 산지의 계곡 주변에서 관찰된다. 머리와 가슴은 검은색이며, 날개는 갈색이다. 다리는 밝은 갈색이고, 마디에 검은 무늬가 있어서 구별하기 쉽다. 낮에는 계곡 주변에서 쉬는 모습이 보이고, 밤이 되면 불빛에 날아온다. 개체 수가 많고 흔한 강도래다.

o 불빛에 많은 개체가 날아왔다.

녹색강도래

전국의 계곡 주변에서 흔히 관찰된다. 연둣빛 몸은 투명한 느낌이 든다. 머리와 가슴에 검은 무늬가 뚜렷하다. 낮에는 계곡 주변에서 날아다니는 모습이 보이고, 밤에는 불빛에도 날아든다.

녹색강도래과

크기 8~9mm
나타나는 때 4~8월
겨울나기 애벌레

o 날개를 접고 앉으면 둥글게 말린다.

각날도래과

크기 11~18mm
나타나는 때 4~11월
겨울나기 애벌레

수염치레각날도래

전국의 강가나 산지의 계곡에서 흔히 관찰된다. 눈은 크고 검은색이며, 날개는 회백색에 검은 무늬가 얼룩덜룩하다. 애벌레는 물살이 빠른 계곡에서 산다. 어른벌레는 낮에는 계곡 주변의 그늘에서 보이고, 밤이 되면 불빛에 날아든다.

o 날개의 얼룩무늬가 특징이다.

굴뚝날도래

높은 산지의 계곡 주변에서 주로 관찰된다. 몸은 검은색이고, 날개는 갈색이 도는 흰색이며, 크고 검은 얼룩무늬가 퍼져 있다. 낮에 높은 산지 주변의 등산로나 계곡 주변에서 날아다닌다. 날개가 크고 넓어 나비로 오인하는 경우가 많다.

날도래과

크기 20~25mm
나타나는 때 6~8월
겨울나기 애벌레

o 계곡 주변에서 흔히 관찰된다.

바수염날도래과

크기 7~11mm
나타나는 때 5~8월
겨울나기 애벌레

바수염날도래

전국의 계곡에서 흔히 관찰된다. 몸은 검은색이고, 머리가 뾰족하다. 작고 날개가 여려서 나방처럼 보인다. 봄부터 계곡 주변에서 무리지어 다니고, 불빛에도 모여든다.

o 온몸이 검다.

시베리아좀뱀잠자리

4월부터 웅덩이나 물가에서 관찰된다. 몸은 검은색이고, 날개는 반투명한 검은색이다. 애벌레는 물 속에서 보낸다. 낮에도 풀 줄기에 붙어 있거나 날아다니는 모습이 자주 보인다.

좀뱀잠자리과

크기 30~30mm
나타나는 때 4~7월
겨울나기 애벌레

o 따뜻한 돌에 앉았다.

납작하루살이과

크기 10~15mm
나타나는 때 3~5월
겨울나기 애벌레

봄처녀하루살이

이른 봄부터 전국의 계곡에서 관찰된다. 몸은 적갈색이고 얼룩덜룩하다. 날개는 투명하고, 날개맥을 따라 검은 무늬가 희미하게 나타난다. 양지바른 곳에 앉은 모습이 자주 보이고, 밤이 되면 불빛 주변으로 날아든다.

◦ 풀 줄기에 붙어 쉰다.

뿔잠자리

전국의 풀밭이나 낮은 산지에서 관찰된다. 몸은 갈색이고, 머리부터 배 끝까지 노란 띠가 이어진다. 더듬이는 길고 끝이 뭉툭하며, 날개는 투명하다. 낮에는 풀 줄기에서 쉬거나 조그만 날벌레를 잡아먹는다. 밤이 되면 불빛에도 날아온다.

뿔잠자리과

크기 30~36mm
나타나는 때 5~9월
겨울나기 애벌레

o 마른 가지에 앉아 있다. 털이 잘 보인다.

뿔잠자리과

크기 20~25mm
나타나는 때 4~6월
겨울나기 애벌레

노랑뿔잠자리

이른 봄부터 전국의 풀밭에서 관찰된다. 몸은 검은색이고, 머리 쪽에 털이 많다. 날개는 검은색과 노란색이고, 색이 없는 부분은 투명하다. 낮에는 먹이를 찾아 날아다니거나, 풀 줄기에 앉아 쉰다. 알은 풀 줄기에 붙이는 형태로 낳고, 애벌레는 깨어나면 땅으로 내려와 낙엽 아래 몸을 숨기고 먹이 활동을 한다.

o 나뭇잎 뒷면에 붙어 있기를 좋아한다.

애사마귀붙이

전국의 공원이나 낮은 산지에서 모두 관찰된다. 몸은 노란색이며, 날개는 투명하다. 이름에서 알 수 있듯이 사마귀와 거의 비슷하다. 어른벌레는 낮에 나뭇잎 뒤에 붙어 있고, 밤에는 불빛에 날아온다. 애벌레는 거미의 알집에 기생해서 알을 먹고 자란다.

사마귀붙이과

크기 17~24mm
나타나는 때 6~8월
겨울나기 애벌레

- 날개가 넓고 투명하다.(위)
- 개미귀신이라 불리는 애벌레.(아래)

명주잠자리과

크기 36~40mm
나타나는 때 6~10월
겨울나기 애벌레

명주잠자리

전국의 도심과 낮은 산지에서 관찰된다. 그늘 진 처마 밑이나 나무 뿌리 아래 흙이 깔때기 모양으로 흘러내리는 곳을 파면 개미귀신이라고 불리는 명주잠자리 애벌레가 있다. 애벌레는 지나가다 이 함정에 빠진 작은 곤충이나 거미 등을 잡아먹는다.

찾아보기

가

가락지나비 • 70
가시개미 • 328
가시모메뚜기 • 440
가중나무고치나방 • 116
각시메뚜기 • 444
각시물자라 • 353
갈구리나비 • 37
갈색여치 • 414
갑옷바퀴 • 462
강변메뚜기 • 449
개야길앞잡이 • 134
거꾸로여덟팔나비 • 58
검은다리실베짱이 • 416
검은물잠자리 • 390
검정꼽등이 • 431
검정꽃무지 • 206
검정말벌 • 315
검정물방개 • 127
검정볼기쉬파리 • 342
검정송장벌레 • 162
검정하늘소 • 250
게아재비 • 358
고려긴가슴잎벌레 • 286
고려나무쑤시기 • 230
고려비단벌레 • 210
고마로브집게벌레 • 469
고오람왕버섯벌레 • 232
고추잠자리 • 406
곰개미 • 327
곰방울벌레 • 433
곳체개미반날개 • 165
광대노린재 • 360
광대소금쟁이 • 351
광대파리매 • 331
구리금파리 • 340
국화하늘소 • 283
굴뚝날도래 • 476
귤빛부전나비 • 49
극동버들바구미 • 304
금강산귤빛부전나비 • 50
금자라남생이잎벌레 • 294
금줄풍뎅이 • 195
금테비단벌레 • 209
기생재주나방 • 119
긴가위뿔노린재 • 374
긴꼬리부전나비 • 52
긴꼬리쌕쌔기 • 421
긴꼬리제비나비 • 30
긴다리소똥구리 • 182
긴무늬왕잠자리 • 398
긴수염대벌레 • 459
긴알락꽃하늘소 • 256

길앞잡이 • 129
길쭉꼬마사슴벌레 • 167
깊은산부전나비 • 51
깔따구길앞잡이 • 135
깔따구풀색하늘소 • 262
깜둥이창나방 • 97
깨다시하늘소 • 269
꼬리명주나비 • 27
꼬마길앞잡이 • 130
꼬마넓적사슴벌레 • 178
꼬마목가는먼지벌레 • 155
꼬마여치베짱이 • 418
꼽등이 • 429
꽃등에 • 336
꽃매미 • 388
꽃술재주나방 • 120
끝검은말매미충 • 386

나

날개띠좀잠자리 • 407
날개알락파리 • 338
날베짱이 • 419
남가뢰 • 243
남방노랑나비 • 36
남방부전나비 • 40
남색초원하늘소 • 270

남색하늘소붙이 · 247
남생이무당벌레 · 233
남생이잎벌레 · 293
넉점박이송장벌레 · 163
넉점박이잠자리 · 401
넉점박이큰가슴잎벌레 · 287
넓적배사마귀 · 457
넓적사슴벌레 · 177
넓적송장벌레 · 159
네눈박이가뢰 · 244
네눈박이밑빠진벌레 · 229
네눈박이송장벌레 · 157
네눈은빛쌍살가지나방 · 99
네발나비 · 54
노란실잠자리 · 393
노란허리잠자리 · 411
노랑나비 · 35
노랑날개무늬가지나방 · 101
노랑뿔잠자리 · 481
녹색강도래 · 474
녹색박가시 · 106
눈많은그늘나비 · 79
늦반딧불이 · 224
늦털매미 · 376

다

다우리아사슴벌레 · 170
달무리무당벌레 · 234
닻무늬길앞잡이 · 137
대나무쌕쌔기 · 422
대모각다귀 · 346
대모송장벌레 · 160
대벌레 · 458
대왕나비 · 74

대왕노린재 · 365
대왕박각시 · 105
대유동방아벌레 · 218
돈무늬팔랑나비 · 88
동쪽애물방개 · 126
된장잠자리 · 410
두꺼비딱정벌레 · 140
두릅나무잎벌레 · 289
두쌍무늬노린재 · 373
두점박이먼지벌레 · 152
두점박이사슴벌레 · 172
두점박이좀잠자리 · 408
뒤흰띠알락나방 · 96
등검은메뚜기 · 445
등빨간거위벌레 · 298
등빨간소금쟁이 · 350
등얼룩풍뎅이 · 197
등줄어리쌕쌔기 · 424
딱정벌레붙이 · 149
땅강아지 · 437
떼허리노린재 · 370
똥파리 · 339
똥보주름메뚜기 · 442

라

렌지똥풍뎅이 · 186
루리하늘소 · 260

마

말매미 · 381
말벌 · 313
말총벌 · 324
매부리 · 425

맵시방아벌레 · 219
머리대장 · 231
머리먼지벌레 · 153
먹가뢰 · 241
먹주홍하늘소 · 265
먹줄왕잠자리 · 397
멋쟁이딱정벌레 · 141
멋조롱박먼지벌레 · 145
메추리장구애비 · 357
멧팔랑나비 · 82
명주잠자리 · 483
모가슴소똥풍뎅이 · 188
모래거저리 · 239
모메뚜기 · 441
모무늬비단벌레 · 214
모시긴하늘소 · 285
모시나비 · 25
모자주홍하늘소 · 267
목가는먼지벌레 · 154
목화바둑명나방 · 94
못뽑이집게벌레 · 468
무당벌레 · 236
무당알노린재 · 372
묵은실잠자리 · 394
물결나비 · 77
물둥구리 · 355
물땡땡이 · 128
물맴이 · 122
물방개 · 125
물자라 · 352
물장군 · 354
민어리쌕쌔기 · 423
민어리여치 · 426
밀잠자리 · 402
밑들이 · 470

밑분홍개미벌 · 325

바

바닷가거저리 · 240
바둑돌부전나비 · 53
바수염날도래 · 477
발톱메뚜기 · 447
밤나무잎벌레 · 288
방아깨비 · 448
방울벌레 · 434
방울실잠자리 · 395
배자바구미 · 299
배짧은꽃등에 · 335
배추흰나비 · 33
배치레잠자리 · 404
뱀허물쌍살벌 · 318
버드나무좀비단벌레 · 216
버들잎벌레 · 291
버들하늘소 · 248
버즘나무방패벌레 · 385
벌호랑하늘소 · 264
범부전나비 · 46
벚나무모시나방 · 97
벚나무사향하늘소 · 261
베짱이 · 415
별박이세줄나비 · 60
보라금풍뎅이 · 180
봄처녀나비 · 78
봄처녀하루살이 · 479
북방기생나비 · 38
북방수염하늘소 · 276
북쪽비단노린재 · 367
분홍날개대벌레 · 460
붉은산꽃하늘소 · 255

붉은점모시나비 · 26
비단벌레 · 212
빌로오도재니등에 · 332
뽕나무하늘소 · 278
뿔거위벌레 · 295
뿔나비 · 75
뿔소똥구리 · 183
뿔잠자리 · 480

사

사과곰보바구미 · 301
사마귀 · 455
사슴벌레 · 169
사슴벌레붙이 · 179
사슴풍뎅이 · 203
사향제비나비 · 31
산굴뚝나비 · 69
산길앞잡이 · 132
산꼽등이 · 428
산네발나비 · 55
산맴돌이거저리 · 238
산바퀴 · 465
산은줄표범나비 · 65
산제비나비 · 29
산호랑나비 · 23
삼하늘소 · 284
삽사리 · 446
새똥하늘소 · 282
서울병대벌레 · 226
섬서구메뚜기 · 438
소나무비단벌레 · 211
소나무하늘소 · 252
소요산풍뎅이 · 187
소요산매미 · 382

소주홍하늘소 · 266
솔곰보바구미 · 302
송장헤엄치게 · 359
쇠측범잠자리 · 399
쇳빛부전나비 · 45
수노랑나비 · 71
수염치레각날도래 · 475
수염풍뎅이 · 191
수중다리꽃등에 · 337
수풀알락팔랑나비 · 86
시베리아좀뱀잠자리 · 478
쌍꼬리부전나비 · 44
쓰름매미 · 379

아

아시아실잠자리 · 392
아이누길앞잡이 · 131
알락벌붙이파리 · 343
알락수염노린재 · 366
알락하늘소 · 273
알락흰가지나방 · 102
알통다리꽃하늘소 · 258
알통다리하늘소붙이 · 246
암끝검은표범나비 · 67
암먹부전나비 · 41
애기물방개 · 124
애기뿔소똥구리 · 184
애기사마귀 · 453
애기세줄나비 · 59
애기좀잠자리 · 409
애매미 · 378
애반딧불이 · 223
애사마귀붙이 · 482
애사슴벌레 · 174

486

애청삼나무하늘소 · 263
애호랑나비 · 24
양봉꿀벌 · 322
어리복숭아거위벌레 · 296
어리세줄나비 · 63
어리여치 · 427
어리호박벌 · 320
얼러지쌀도적 · 227
얼룩대장노린재 · 362
얼룩매미나방 · 108
얼룩무늬좀비단벌레 · 215
여덟무늬알락나방 · 95
열두점박이꽃하늘소 · 257
열점박이별잎벌레 · 292
오얏나무가지나방 · 103
옥색긴꼬리산누에나방 · 118
옻나무바구미 · 303
왕거위벌레 · 297
왕귀뚜라미 · 432
왕딱정벌레 · 144
왕물결나방 · 91
왕물맴이 · 123
왕바구미 · 307
왕바다리 · 319
왕빗살방아벌레 · 217
왕사마귀 · 456
왕사슴벌레 · 176
왕세줄나비 · 61
왕은점표범나비 · 64
왕자팔랑나비 · 84
왕잠자리 · 396
왕청벌 · 311
왕침노린재 · 371
왕파리매 · 329
왕풍뎅이 · 192

왕흰줄태극나방 · 113
외뿔장수풍뎅이 · 199
우리딱정벌레 · 143
우리목하늘소 · 275
우리벼메뚜기 · 443
울도하늘소 · 277
원표애보라사슴벌레 · 166
유리날개바퀴 · 466
유리산누에나방 · 115
유리창나비 · 68
유지매미 · 377
육니청벌 · 312
으름밤나방 · 114
은줄팔랑나비 · 83
은판나비 · 72
이질바퀴 · 464
일본날개매미충 · 387
일본왕개미 · 326

자

작은검은꼬리박각시 · 107
작은멋쟁이나비 · 56
작은주홍부전나비 · 47
작은홍띠점박이푸른부전나비 · 42
장구애비 · 356
장미가위벌 · 323
장수각다귀 · 345
장수꼽등이 · 430
장수잠자리 · 400
장수풍뎅이 · 198
장흥노린재 · 364
점박이길쭉바구미 · 300
점박이꽃검정파리 · 341

점박이염소하늘소 · 280
제비나비 · 28
제주거저리 · 237
제주노린재 · 363
제주뿔꼬마사슴벌레 · 168
조롱박먼지벌레 · 148
좀말벌 · 316
좀사마귀 · 454
좁쌀메뚜기 · 439
주둥무늬차색풍뎅이 · 193
주홍하늘소 · 268
줄각다귀 · 344
줄각시하늘소 · 254
줄먼지벌레 · 150
줄점팔랑나비 · 89
중국청람색잎벌레 · 290
중국황세줄나비 · 62
진강도래 · 473
진홍색방아벌레 · 221
집바퀴 · 463
짝지하늘소 · 271

차

참개미붙이 · 228
참검정풍뎅이 · 189
참깽깽매미 · 383
참나무산누에나방 · 117
참나무하늘소 · 279
참넓적꽃무지 · 200
참땅벌 · 317
참매미 · 380
참밑들이 · 471
참산뱀눈나비 · 81
참실잠자리 · 391

487

참콩풍뎅이 · 194
창뿔소똥구리 · 185
창언조롱박딱정벌레 · 146
철써기 · 420
청가뢰 · 242
청동하늘소 · 253
청띠신선나비 · 76
청띠제비나비 · 32
청솔귀뚜라미 · 435
청줄하늘소 · 259
칠성무당벌레 · 235

카

콩중이 · 450
큰건정풍뎅이 · 190
큰광대노린재 · 361
큰그물강도래 · 472
큰넓적송장벌레 · 158
큰넓적하늘소 · 251
큰노랑물결자나방 · 100
큰멋쟁이나비 · 57
큰명주딱정벌레 · 139
큰무늬길앞잡이 · 136
큰무늬맵시방아벌레 · 220
큰밀잠자리 · 403
큰수중다리송장벌레 · 161
큰실베짱이 · 417
큰우단하늘소 · 272
큰자루긴수염나방 · 90
큰자색호랑꽃무지 · 202
큰점박이똥풍뎅이 · 181
큰조롱박먼지벌레 · 147
큰주홍부전나비 · 48

큰줄흰나비 · 34
큰집게벌레 · 467
큰털보먼지벌레 · 151
큰호리병벌 · 310
큰홍띠점박이푸른부전나비 · 43

타

태극나방 · 111
털두꺼비하늘소 · 281
털매미 · 375
털보말벌 · 314
털보바구미 · 305
털보왕사슴벌레 · 175
털좀넓적꽃등에 · 334
톱다리개미허리노린재 · 369
톱사슴벌레 · 171
톱하늘소 · 249

파

파리매 · 330
파리팔랑나비 · 87
파파리반딧불이 · 222
팥중이 · 452
폭탄먼지벌레 · 156
풀매미 · 384
풀무치 · 451
풀색꽃무지 · 207
풀색명주딱정벌레 · 138
풀종다리 · 436
풀흰나비 · 39
풍뎅이 · 196
풍이 · 204

하

한국꼬마잠자리 · 405
한국반날개 · 164
호랑꽃무지 · 201
호랑나비 · 22
호리꽃등에 · 333
호박벌 · 321
혹바구미 · 306
홀쭉꽃무지 · 208
홍날개 · 245
홍다리사슴벌레 · 173
홍단딱정벌레 · 142
홍점알락나비 · 73
홍줄노린재 · 368
황녹색호리비단벌레 · 213
황다리독나방 · 109
회황색병대벌레 · 225
후박나무하늘소 · 274
흰그물왕가지나방 · 104
흰띠명나방 · 93
흰무늬왕불나방 · 110
흰뱀눈나비 · 80
흰점박이꽃무지 · 205
흰점팔랑나비 · 85
흰줄숲모기 · 347
흰줄태극나방 · 112
흰줄표범나비 · 66
흰줄푸른자나방 · 98
흰테길앞잡이 · 133

해마다 봄을 기다리며 긴 겨울을 보냅니다. 날씨가
포근해지고 봄이 오면 어김없이 반가운 곤충들이 모습을
드러냅니다. 언 땅을 뚫고 나온 풀을 보며 카메라를 메고
가던 그 길을 설레며 걷습니다.

추운 겨울 맨몸으로 버틴 나비들이 제일 먼저 반겨 주고,
아직 앙상한 나뭇가지에는 나방 애벌레들이 행여 들킬까
헌 옷을 입은 채 나무에 붙어 새 옷으로 갈아입기 위해
새싹을 기다리고 있습니다. 땅에는 딱정벌레들이 겨우내
굶주린 배를 채우려고 벌써부터 100m 달리기를
시작합니다. 약속한 것도 아닌데 항상 때가 오면 이들을
만나러 자연으로 나갑니다.

곤충은 울창하고 깨끗한 산 속에만 있는 것이 아닙니다.
우리가 사는 곳 주변에서 곤충들이 함께 살아갑니다.
집 앞 화단에서 만난 곤충부터 깊은 산 속으로 힘들게
찾아가 만난 곤충까지 사진으로 기록하고 관찰한 것을
책에 담았습니다. 우리와 함께 살아가는 곤충을
알아보는 데 이 책이 조금이나마 도움이 되었으면 합니다.

ISBN 978-89-89370-85-7

값 20,000원